学生心灵培养丛书

中学生认知训练

李靖丝 编著

吉林人民出版社

图书在版编目(CIP)数据

中学生认知训练 / 李靖丝编著. –– 长春:吉林人
民出版社, 2012.4
　(中学生心灵培养丛书)
　ISBN 978-7-206-08545-1

　Ⅰ.①中⋯ Ⅱ.①李⋯ Ⅲ.①中学生 – 认知能力 – 心
理训练 Ⅳ.①B844.2

中国版本图书馆 CIP 数据核字(2012)第 048285 号

中学生认知训练

ZHONGXUESHENG RENZHI XUNLIAN

编　　著:李靖丝
责任编辑:孟广霞　　　　　　封面设计:七　洱
吉林人民出版社出版 发行(长春市人民大街7548号　邮政编码:130022)
印　　刷:鸿鹄(唐山)印务有限公司
开　　本:670mm×950mm　　　1/16
印　　张:10　　　　　　字　　数:70千字
标准书号:ISBN 978-7-206-08545-1
版　　次:2012年7月第1版　　印　　次:2023年6月第3次印刷
定　　价:35.00元

如发现印装质量问题,影响阅读,请与出版社联系调换。

目　　录

目　　录

牛顿的注意力

情感共鸣

闻名世界的英国物理学家牛顿是一个有很强注意力的人。有一次，他正在实验室里进行物理实验，有一个小偷闯了进来。由于实验室在房子的最后边，因此小偷也不知道家中有人。于是小偷便十分大胆地在房间里拿起东西来，并不时发出很大的响声。邻居们以为声音是牛顿发出来的，因此也不以为然。半个小时后，小偷满载而走。大约又过了两个小时，牛顿在实验室发出一声欢呼，原来他的物理实验成功了。等牛顿走出实验室，看到满屋狼藉，他不禁惊呆了，"这是怎么一回事"？牛顿自言自语道。又过了一会儿，他才意识到家中受到了贼的光顾，于是连忙报警，无奈时间太长，小偷早已逃之夭夭了。

从这件事我们可以看出，牛顿的注意力非同一般。在他搞研究的时候，他把全部的注意力都集中在研究上，对周围的一切充耳不闻。

认知理解

注意是心理活动对一定对象的指向和集中。它是人们掌握知识、适应环境、圆满地完成各种任务的必要条件。

可以说人的一切心理活动都不能没有注意的参加。认识活动也是如此，只有具备高度集中而稳定的注意，才能保证学习的顺利进行，并取得良好的成绩，否则，学习便不能进行下去，更不能有所收获。学生们注意培养自己良好的注意品质，有利于提高学习效果和学习效率。注意按是否自觉和有无付出意志努力，通常分为无意注意和有意注意。无意注意是没有预定目的、被动的、自然而然地产生的注意。它不需要付出任何努力。有意注意是有预定目的，主动地为一定任务服务的注意，它是自觉的，并需要做出一定的努力。在学生们的学习活动中，有意注意占着主要地位，这使得他们能够克服干扰，始终保持稳定的注意。

要培养良好的注意品质，首要的是要明确学习的目的和意义。因为有意注意是由间接兴趣（即活动目的）引起的。比如某个学生可能对学习计算机本身没有兴趣，但他对这项学习的目的和意义都产生了兴趣，这就对他完成这项活动产生积极的影响，并激励他通过意志的努力去维持注意的中心。学生完成学习任务的主观愿望越强烈，就越能自觉地加强自己的注意。其次要加强意志努力的培养训练。因为维持注意，特别是维持有意注意是需要意志的参与的，因此意志力的水平也直接决定了注意品质的稳定的水平。

操作训练

下面介绍一种在学习中提高注意力的操作方法。

1．每次开始学习之前，把这次学习的时间和任务安排好，并对自己再交代一下。比如对自己说："我要花一小时时间完成作业。"这样可以使注意力尽快集中到学习上来，同时也向周围的人示意"请勿打扰"。

2．开始学习时，清理一下书桌，把容易转移注意力的东西拿开。如杂志、报纸、玩具等。

3．在开始学习前做几次弯腰摸地的运动。

4．有条件的话，尽量把书桌作为学习专用的地方。其他活动如下棋、闲聊等，尽可能不要在这个位置上进行。

5．事先与别人约定，在你学习的时候不要来邀你去玩，你可以把完成学习任务后适当游戏一下作为对自己坚持学习的奖励。尽管有时你心痒难熬，也必须坚持住，慢慢养成习惯就好了。

6．刚开始时，每次学习的时间不要太长，可以在中间稍事休息，以后逐渐增加每次学习的时间。但根据学习疲劳的规律，连续学习以不超过80分钟为宜。

训 练 指 导

教育目的

1．让学生知道注意的内容及其作用。

2．对学生进行注意力训练，提高其注意品质。

主题分析

"注意"一词，其心理学含义为心理活动对一定对象的指向和集中。不难看出，指向性和集中性是注意的两个基本特征。日常生活中，每时每刻都有许多内外刺激作用于我们的感官，由于我们肌体的感受反应能力有限，不可能对作用的刺激都做出反应，只选择一些少数的刺激进行反应，这一选择过程就是注意的功能实现。由于注意在人们的认知活动中具有选择、维持、调节三方面的重要功能，所以，它是人们掌握知识、适应环境、圆满地完成各种活动任务的先决条件。中学生注意的品质虽然比小学生有了明显的提高，但与成人相比，仍有差距，故对其进行注意力训练。

训练方法

认知理解；行为训练。

训练建议

1. 教师向学生讲述注意的心理意义及作用。

2. 教师向学生传授一些注意力训练方法。

3. 让学生有意识地在学习和生活中对其注意力进行训练。

解缙丰富的想象力

情感共鸣

解缙家门口，长着财主家的一片竹林。大年三十那天。解缙便以竹林为题，挥笔写了一副春联："门外千竿竹，屋内万卷书。"春联贴出后，吸引了全村的人，大家都夸奖这个聪明的孩子，可是财主看到，却十分恼火。马上令家人把竹林砍倒，想让解缙出丑。然而，聪明的解缙自然明白财主的险恶用心，也立即采取对策，在春联下又添上两个字，变成"门外千竿竹短，屋内万卷书长"。财主见了，更火冒三丈，立即派人把竹林连根刨掉，并得意地看他这回怎么办。财主万万没想到，解缙在春联下又添上一个字，变成"门外千竿竹短命，屋内万卷书长存"。这下财主可傻了眼，再也想不出对付解缙的办法了，只好认输。这真是既丢财又丢脸，丢了夫人又折兵。

解缙巧改春联的故事，说明解缙是个有丰富想象力的人，他正凭着这种想象力，成为明代著名的文学家，在我国文学史上做出了重要贡献。

认知理解

想象是人脑的一种机能，它是人脑对旧表象的加工和改造，重新组合并形成新的形象的过程，而这些新的形象则是人们没有直接接触过的事物和现象的形象。例如，尽管我们没有见过雷锋战士，但当我们了解到他那"对同志像春天般温暖，对工作像夏天一样火热，对个人主义像秋风扫落叶一样，对敌人像严冬一样冷酷无情"的伟大精神风貌时，就能够在头脑里勾勒出雷锋战士的伟大形象，这就是想象。

心理学家认为，人类思想的进步，科学事业的发展以及丰富多彩的现代文明和社会文化，这一切都离不开人们的想象，想象是创造的基本要素，文学艺术家的作品、科学发明家的成果，都是首先从他们的非凡想象力中得到启示的。因此，著名物理学家爱因斯坦才指出："想象力比知识更重要，因为知识是有限的，而想象力概括着世界上的一切，推动着知识的进步并且是知识进化的源泉。"

操作训练

"接龙"游戏。所谓接龙游戏就是老师给出一个字，同学们用这个字组一个词，但是该词的第一个字一定是老师给的字，而这个词的最后一个字又是后一个词的开头那个字，如此进行下去看谁写得多，例如：红——红花——花园——园丁——丁字尺——尺寸——寸土必争——争吵——吵架……

下面给出五个字：

（1）小

（2）人

（3）天

（4）笑

（5）水

训 练 指 导

教育目的

1. 让学生了解想象的心理特点及其重要性。
2. 对学生进行想象力的训练。

主题分析

想象是大脑对已有的表象进行加工和改造，创造出新的形象的过程。想象无论对于人类思想的进步、科学事业的发展还是丰富多彩的现代文明和社会文化都有极其重要的作用。对于学生的学习活动来说，正是在想象的参与下，才使得学习活动富于创造性。美国心理学家布鲁纳认为："不论是在校儿童凭自己的力量所做出的发现，还是科学家努力于日趋尖端的领域所做出的发现，按其实质来说，都不过是把现象重新组织或转换，使人能超越现象，再进行组合，从而获得新的领悟而已。"所以，对于学习活动而言，没有想象的积极参与是不可思议的。充分发挥学生的想象力，开发学生的创造力，是教育的重要任务之一。

训练方法

讲解法；训练法。

训练建议

1. 教师向学生讲解关于想象的一些心理学简单知识。

2. 组织学生进行"接龙"游戏。

3. 教师总结。

半块烧饼

训练内容

情感共鸣

伟大的开国领袖之一周总理有着极强的记忆力,只要是他见过的人,听到的事,很少有忘记的,甚至隔了几十年,他也能及时准确地想起来。记得在长征的时候,由于缺乏粮食,有一位小战士饿得晕了过去。周总理知道后,把炊事班留给自己的仅有的半块烧饼给这位小战士吃下,而宁愿自己挨饿,直到部队最终找到了粮食,这位小战士也因此活了下来。

时光流逝,转眼三十年过去了。有一次,周总理和毛主席一起接见某军区的团级以上干部。在接见的时候,周总理一眼从人群中认出了那个当年的小战士,而这位昔日的年轻人由于屡立战功,已经担任副师长一职。三十年后再次相见,"小战士"不禁热泪盈眶,在场的所有人感动之余,都惊叹总理过目不忘的超人的记忆力。

认知理解

美国国会图书馆藏书两千万册，是当今世界上最大的图书馆。科学家论断：一个人如果终生苦读好学，并全部记住，那么他头脑里的知识量可以是美国国会图书馆存书的50倍。可见，记忆能使人的头脑成为知识宝库。

记忆是人脑的一个重要机能，它是知识积累重要的手段，古往今来，增强记忆是人们的一个强烈愿望。俄国著名的文学批评家杜勃罗留夫曾写过这样的诗句："我是多么希望拥有这样的才能，在一天之内把这个图书馆的书都读完，我是多么希望具有巨大的记忆力，使一切读过的东西终生难忘。"

人们对记忆的研究已经持续了许多年，但是有关记忆的神秘面纱仍然没有完全揭开，不过，世世代代的人们在记忆活动中已经积累了丰富的经验，只要你善于开发自己的记忆力，你就会记得更多，记得更牢。

操作训练

1.数字——配对材料，用来了解和训练学生机械记忆能力，材料为10对汉字和数字：

12——流 91——定 25——听 18——出 47——亮

19——盼 53——建 62——养 14——从 76——奇

2.（1）一组数字，让学生在15秒内读1—2遍，然后进行其他活动来干扰学生，使其无法反复背诵，五分钟后，请学生说出其刚才所记的那组数字，目的是考查学生理解记忆能力。

81，64，49，36，25，16，9，4，1

提示：这组数字用机械记忆的方式就比较难，若理解它是从9

到1的平方数时，就容易记住了。

（2）下面有一个10位数，请同学们记住这个数，并说出你是如何记住的。

2436112365

不同的同学在记这个数字时分别采用不同的方法，有的同学死记硬背，而有的同学却寻找一些小的窍门，从而给数字赋予某种人为的意义。

提示：同学们不妨这样想：这个数字的意思是"两打与19的平方加上一年中的12个月与365天"。

训 练 指 导

教育目的

1. 让学生理解什么是记忆及其作用。

2. 对学生进行记忆力训练，让他们掌握常用的一些记忆方法。

主题分析

记忆是人脑对过去经历事物的一种反应，它由三个环节组成：识记、保持和回忆。识记是记忆的开始，回忆是记忆的终端，同时，回忆效果的好坏，也是记忆力强弱的象征。记忆力是智力的重要组成部分，是知识积累的重要手段。在知识高产的时代，要想尽快地记住所学的大量知识，实属不易。不过，对于揭开记忆的奥秘，人们对记忆的研究不断有新的突破。在实际生活中人们也已积累了大量记忆经验。找出了记忆的规律，总结了一些有效的记忆策略。可见，对学生进行的记忆训练必将大大促进学生的学习。

训练方法

实际训练法；经验交流法。

训练建议

1. 教师向学生讲解什么是记忆及记忆的过程。

2. 组织学生讲解自己的记忆小窍门，进行经验交流。

3. 教师总结，指出一些有效的记忆方法。

4. 结合所讲的记忆方法，进行实际训练。

观察螳螂

训练内容

情感共鸣

一次，在生物课外活动小组的会上，周老师让同学们谈谈暑假里组织的那次观察螳螂的情景。安波同学第一个抢着发言，他说："那天热极了，我们在草丛里找了好长时间，才发现一只大螳螂，细细的脖子，大大的肚子，不一会儿抓只苍蝇吃了，挺有趣的。"接着，张强同学绘声绘色地说："我们趴在草地上正等得不耐烦时，忽然，我的耳边响起'唰唰'的声音，我朝着声音的方向看去，只见离我一步远的地方，正在往草尖上爬着一只大约有三四寸长的白绿色的大螳螂。它的肚子又宽又扁，上面盖着两对半透明的翅膀，脖颈细长，头略似三角形，眼睛像两个小珍珠，在头的两侧不停地转动。它有三对足，后两对足细长，下半部有刺，前面那一对足像两把锋利的大刀，关节处也有刺，一共分四节。它走起路来，那两把"大刀"成了先行官，砍得小草东倒西歪……"同学们听得简直入了迷。仿佛这个可爱的大螳螂就在眼前。

不用我说同学们也已经看出，张强同学的观察力要明显强于安波同学。

认知理解

清朝著名画家、扬州八怪之首郑板桥画竹子画了一辈子，他笔下的竹子淡雅挺拔，令人回味无穷，表现出郑板桥对竹子的深刻了解。这与他敏锐的观察力是分不开的。他曾经作诗一首："四十年来画竹枝，日间挥写夜间思。冗繁削尽留清瘦，画到生时是熟时。"

观察是对对象的一种主动的、有目的的、有计划的知觉，是人们认识世界的门户。人们在观察对象时，不是无选择地感知对象所展现出来的一切，而是有选择地区分出其中对自己最直接有关，最重要或最有兴趣的东西，观察力就是善于看出对象和现象的那些典型的，但却并不很显著的特征的能力，有的心理学家认为，具有敏锐的观察力比拥有大量的学术知识更为重要。此话并不过分。例如，当有人要求俄国著名生物学家巴甫洛夫为国家生物研究所题词时，他写下了"观察，再观察"的字样。由此可见，观察力对于人们来说是非常重要的。

操作训练

1.观察数字：每一题中都包含两组数字符号，如果这两组是相同的，写"YES"；如果两组是不同的，写"NO"，作业时间为1分钟。

（1）2 8 7 9 3 7 5 2 6 0 3

　　2 8 7 9 3 7 5 2 6 0 3

（2）7 7 3 6 8 2 1 5 9 0 0 7 3 5 2 6

　　7 7 3 6 8 2 1 5 9 0 0 1 3 5 2 6

（3）5 0 2 2 3 9 6 4 7 9 3 2 2 6 9 1 8 4

　　5 0 2 2 3 9 6 4 7 9 3 2 2 6 9 1 8 4

（4）5 6 6 4 6 6 7 6 7 5 5 5 8 6 8 6 6 5

　　5 6 6 4 6 6 7 6 7 5 5 5 8 6 8 6 6 5

（5）1 2 1 2 2 2 3 8 8 6 6 6 7 5 7 5 7 4 8 2 2 2 8 2 2

　　1 2 1 2 2 2 3 8 8 6 6 6 7 5 7 5 7 4 8 2 2 2 8 2 2

（6）3 2 5 5 6 5 3 5 7 5 8 5 6 3 8 2 7 9 2 2 3 3 4 3 4 6

　　3 2 5 5 6 5 3 5 7 5 8 5 6 3 8 2 7 9 2 2 3 3 4 3 4 6

2.观察一张人物肖像，说出该人物的特征。

训练指导

教育目的

1. 让学生理解观察的含义及观察在日常生活和学习中的重要作用。

2. 对学生进行有效的观察力训练，提高其观察水平。

主题分析

心理学上讲，观察是一种有目的、有计划、较持久的知觉活动。它是以视觉为主，融其他感觉为一体的综合感知。观察中包含着积极的思维活动，故而，人们也把它称为"思维的知觉"。观察是人们认识世界、获取知识的一个重要途径，也是科学研究的一个重要方法，俄国著名生理学家巴甫洛夫曾告诫人们说："应当学会观察，观察，不学会观察，你就永远当不了科学家。"的确，观察很重要，观察的能力，我们简称观察力，它是指善于发现对象和现象的那些典型的、但却并不很显著的特征的能力，对开发学生的智力，培养其观察力是重要途径。

训练方法

认知理解；实际训练。

训练建议

1. 教师可以借助于有趣的故事向学生讲述什么是观察及观察力。

2. 教师向学生讲述一些常见的观察方法，也可让学生进行讨论总结。

3. 对学生进行观察力训练。

4. 结合训练内容讲解观察方法。

走马观花

情感共鸣

古代有个媒婆，很有些手段，有个跛足青年想托她介绍个对象，但还要掩饰自身的缺陷。媒婆给他介绍了一个豁嘴的姑娘，女方也有同样的需求，在安排二人见面相亲时，媒婆让男青年骑在马上，把跛足的腿隐在另一侧，很潇洒地从姑娘面前走过，媒婆让姑娘手持一束鲜花，遮在脸前做淑女含羞状。结果二人都对对方表示满意，谁也没有发现对方的缺陷，就订了这门亲事。洞房花烛夜，男青年看见了姑娘的豁嘴，姑娘发现了小伙子瘸腿，但悔之已晚，只能埋怨自己当时看走了眼。

认知理解

1. 这个故事告诉了我们什么生活哲理呢？

这个故事告诉我们观察问题要认真，不能马虎；观察事物要细致、全面。

2. 观察在人类活动的各个领域都具有非常重要的意义。只有通过对事物进行系统的、周密的、精确的观察，获得有意义的材料，才能探索出事物的规律。因此，古今中外的科学家都十分重视观察。

英国生物学家达尔文说："我既没有突出的理解力，也没有过人的机智。只是在觉察那些稍纵即逝的事物并对其进行精细观察的能力上，我可能在众人之上"。

在俄国生理学家巴甫洛夫的实验大楼正面上，用大字写着他题的警句"观察，观察，再观察"，他还指出："应当先学会观察，不学会观察，人就永远当不了科学家。"

英国细菌学家弗莱明由于机遇而发现了青霉素。他对此曾说过："我的唯一功劳是没有忽视观察。"

操作训练

1. 回家后与父母兄弟姐妹一起看一张三维立体画，比比谁发现得快。（与同学也可以）

2. 与语文老师合作，布置一篇描写学生熟悉的自然景物的作文，看谁观察得细致周到。

3请家长帮助，确定一个观察项目，并每天（或定期）做观察记录，在班内定期交流或评比。此项内容应坚持2个学期。

训练指导

教育目的

让学生认识到认真观察的重要性，培养良好的观察力。

主题分析

观察是人们认识世界、获取知识的一个重要途径，也是科学研究的一个重要方法。观察是一种知觉活动，是以视觉为主，融其他感觉为一体的综合感知。只有通过对事物进行系统的、周密的、精确的观察，获得有意义的材料，才能探索出事物的规律。英国生物学家达尔文说："我既没有突出的理解力，也没有过人的机智，只是在觉察那些稍纵即逝的事物并对其进行精细观察的能力上，我可能在众人之上"。

训练方法

讲解法；训练法。

训练建议

1. 教师向学生讲述"走马观花"的故事。

2. 组织学生讨论从故事中受到什么启发。

3. 对课文中的操作训练进行练习，让学生了解自己的观察力。

4. 从事一些野外活动，观察大自然。

注意力如何集中

训 **练** **内** **容**

情感共鸣

——老师提问我了，我又答不出来，全怪我上课没认真听讲，总爱玩小东西，这个毛病我怎么总也改不了，我也特着急。

——我不是不爱学习，我更不是一个坏学生，我下了好多次决心，上课不玩东西，可我总也管不住自己。看看我周围的同学，全部在专心致志地听老师讲课，在课上把老师讲的全部记住了，课下根本不用怎么复习，我真羡慕他们，唉！我可怎么办呢？

认知理解

1. 上课不注意听讲，在许多同学身上都存在着。他们都明白上课注意力不集中不好，也都想尽快改正，可就是改不了，这是因为他们的自制力不够强，主动排除干扰的能力还不成熟。

2. 伟大的领袖毛泽东，在青年时代，为了养成在任何环境中都能读书的习惯，曾多次蹲在车来人往的城门洞看书，有意在喧闹的环境中锻炼自己的注意力。

英国著名人类学家古道尔，为了研究黑猩猩，不畏艰险，只身进入热带森林，在那里积极、热情地工作了10年，古道尔凭着惊人的注意力（当然还有其他能力），完成了对猩猩的各种行为的观察，为人类学的发展做出了巨大的贡献。

操作训练

1. 如果你在课上发现你的同桌正在津津有味地玩小东西，怎么办？

2. 上实验课时，课桌上有许多你没有见过的实验器具，老师正在讲操作方法，同学们都在专心地听，这时，你想伸手去拿那些器具怎么办？

3. 做游戏

（1）请两个同学，第一个同学从100减1数到50，第二个同学，从100开始递减3，数到70，两人同时大声朗读，看谁能不受外界干扰。

（2）给两位同学每人一张纸条，上面各有一句话，在1分钟内全部记下来。时间到后，两人同时大声地背诵纸条上的内容。

4. 角色表演

给3名同学每人1张纸条，纸条上有一些表演的要求。请3位同学按要求去做，其他同学注意，将找一些同学说这3位同学表演的各是什么，并说出他们都做了哪些动作？

（1）一个弯着腰的老爷爷，右手拄着拐杖，左手搭在后背上，颤巍巍地向前走，并发出咳嗽的声音，他紧皱眉头。

（2）一个领导，昂首挺胸，双手插在腰间，发出嗯、啊的声音，最后做出怒气冲冲的样子，右手指点人。

（3）抓耳挠腮，左顾右盼，缩手缩脚。

训 练 指 导

教育目的

提高学生对注意力的认识，训练学生的注意力。

主题分析

"注意"作为一种心理现象，其含义是指心理活动对一定对象或活动的指向与集中。显然，指向性与集中性是注意的两个基本特征。每时每刻都有许许多多内外刺激作用于人的感官。由于我们肌体的感受反应能力有限，不可能对作用的刺激都做出反应，只选择一些少数的刺激进行反应，这一选择过程就是注意的功能实现。作为初中生，虽说注意力比小学时有了明显的发展，但比起成人来说仍有一定差距，考虑到注意在日常学习中的重要作用，有必要对他们进行注意力方面的训练。

训练方法

自我反思；角色表演；游戏

训练建议

1. 教师提出问题，让学生进行思考，提高自我认知。

2. 组织一些游戏，训练学生的注意力。

3. 找一些训练与考查学生注意力的材料对学生进行训练。

罗莱茵的表演

情感共鸣

哈利·罗莱茵是英国的记忆专家和表演家。有一次，罗莱茵为日本记忆专家高木重良做了一番表演。罗莱茵先生将一副扑克牌递给高木，让高木把牌弄乱，然后平摊在桌子上。罗莱茵看30秒，就由高木将牌收起来，接着高木随便说出一张牌的名字，如说"红桃J？"罗莱茵马上回答："从上面数第14张。""梅花Q？"回答："第35张。"罗莱茵回答得完全正确。然后换个方式问他："第43张？"他马上回答"方块9"。最后，罗莱茵一口气将54张牌的顺序全部正确说出来。在场的人都非常惊讶。

认知理解

1. 读了这个故事有什么感想？

记忆专家罗莱茵有惊人的记忆力，他的表演简直让人难以置信。

2. 人脑就是一架高功能摄像机，通过五官和身体感觉能够把客观外界的事物、声音、气味、色彩和感触都记进脑子里。这就是人们常说的记忆。记忆就是指过去经历过的事物在人脑中的反应，比如：

（1）升学考试，入团入党，第一次登台演讲等等，这些在人的一生中具有重大意义的事件，会被记住。

（2）学习文化知识，记住某些外文单词、数学公式、科学定律等。

（3）记忆力在人的生活中具有重要的作用。记住的知识越多将来走向社会、走上工作岗位，才会"生产"出多而好的"产品"。

美国著名的总统亚伯拉罕·林肯，在他53岁时遇到了30年前的一个指挥官，竟然能立即叫出他的名字。

我国著名的科学家、桥梁专家茅以升，小时候看爷爷抄写古文《京都赋》，爷爷刚抄完，他就可以将全文背出来了。

操作训练

1. 数字记忆能力测试

请你挑选一个注意力最容易集中起来的时间，安静地坐下来，把手表放在面前，然后用5分钟时间把下表这张名单中各人的年龄记住。

5分钟后，停止记数字，翻到下面一页，看表2，请你根据自己的记忆，在这些姓名后面写下他们的年龄。

表1姓名和年龄表

用3分钟时间记住各人年龄

李华59陈劳50赵雪61宗玉8徐山42刘红35史亮46

高翔40陆妹59章梅58王刚l6黄敏88顾飞31肖丹68

郑卫13孙方77杜颂25罗海20胡景72唐兰2

表2名字表

肖丹 郑卫 唐兰 刘红 高翔 黄敏 胡景 李华 徐山 杜颂

陆妹 王刚 章梅 孙方 罗海 陈劳 史亮 顾飞 宗玉 赵雪

每填对一个得1分，填错的不给分也不扣分。根据这个测验所得到的分数，可以查下面的评分表（如下表），可得知你的数字记忆能力水平。

评价表

总分记忆水平

0～2迟钝

3～5较差

6～8中等

9～11较好

12～15优秀

16～20异常优秀

2．请同学们主动向家长说下列内容：

"我们学习了新知识——记忆力"。

"我相信自己能获得非凡的记忆能力。"

请告诉父母，你是否对记忆力训练感兴趣。

3．在实际的记忆活动中，要善于运用一定的记忆方法。比如：

行政区域省份名称：湖南、湖北、广东、广西、河南、河北、山东、山西、江苏、江西、浙江、黑龙江、新疆、云南、贵州、福建、吉林、安徽、四川、西藏、宁夏、辽宁、青海、甘肃、陕西、内蒙古、台湾、北京、上海、海南、重庆、天津。

两湖两广两河山，五江云贵福吉安。

四西二宁青甘陕，内台北上海重天。

训练指导

教育目的

训练学生的记忆力

主题分析

记忆是学习的重要前提和基础。法国数学家帕斯卡尔说："记忆是一切脑力劳动之必需"。

拥有较强的记忆力是每个人所向往的。其实，提高记忆力并非难事。借助于记忆力训练，掌握一定的记忆方法，并不断地在实际活动中加以运用和总结，记忆力就能得到提高。进入初中后，所学科目增多了，需要记的东西也就更多了，如果没有良好的记忆力，仅靠小学时的机械识记是很难完成学习任务的。所以，掌握有效的记忆策略是提高记忆力的关键所在。

训练方法

讲解与训练

训练建议

1. 教师讲解关于记忆的一些简单知识，让学生对记忆有初步了解。

2. 让学生完成一些记忆力的小测试。

3. 结合测试，让学生谈谈各自的记忆小窍门。

4. 师生共同总结有效的记忆方法。

善于动脑

情感共鸣

古时候有一个叫王戎的小孩。一天，他和几个小朋友到野外去游玩，走着走着，他们看见大路边有一棵李子树，树上的李子又大又多，把树枝都压弯了。

一个小朋友说："这是一棵没有主的野李子树，咱们摘点吃吧！"除了王戎以外，所有的小朋友都同意这样做。

有一个小孩认真地问王戎："你不爱吃李子吗？"

"不是，"王戎说，"这李子是苦的，不能吃。"

大家不信，仍旧吵着要上树摘李子。

一个小孩爬上树摘了一个李子尝了尝，立刻吐了出来，一边吐一边嚷着："好苦，好苦，真是苦李子！"

于是，孩子们把也是第一次到这里来玩的王戎围在中间，七嘴八舌地问他怎么知道这是一棵苦李子树的。王戎把自己的根据告诉了大家。听了王戎的话，孩子们都佩服他，说他遇事善于动脑筋。

认知理解

1. 请同学们说一说，王戎是怎么知道树上的李子是苦的呢？

王戎认为，这棵李子树长在大路旁，如果结的李子是甜的，早就被过路的人吃光了。现在树上却果实累累，因此他断定树上结的是苦李子，这个过程就是思维。思维这个概念听起来觉得挺陌生，挺深奥，实际上我们平时所说的"让我想一想"，"你好好考虑一下"，"他特别愿意琢磨，"说的都是思维。思维时时刻刻都在伴随着我们。

2. 智力是人的各种认识能力的总和，它包括观察力、注意力、记忆力、思维力和想象力等。在智力结构中，思维能力占有特殊的地位。要运用和发展智力，就必须运用思维力，掌握一套思维方法。

德国数学家高斯在读书时，有一次老师列出一个算式：$1+2+3+4+5+\cdots\cdots+97+98+99+100=$？要求计算。当老师刚把题目讲完，高斯就写出了答案$=5050$，原来，高斯看完算式以后，经过思考发现了算式的规律：$101×50=5050$。这说明，高斯的思维能力很强。

操作训练

1. 请你写出你能想到的所有带"土"结构的字，写得越多越好。（5分钟完成）

2. 请列举包含"三角形"的各种物品，写得越多越好（10分钟完成）。

3. 普通的砖头你能想出多少种用途，请写下你想到的，越多

越好。（10分钟完成）

4. 准备好一张200字的稿纸，根据以下故事情节，用简短的语言（百字之内）写出各种可能的故事结尾，越多越好。

古时候，有兄弟三个。大哥、二哥好吃懒做，三弟勤劳聪明。三人长大后各自成了家。一天兄弟三人在一起喝酒，大哥、二哥提议："从现在起，我们三人说话，彼此不准怀疑，否则罚米一斗。"酒后，大哥说："你们总说我好吃懒做，现在家中那只母鸡一报晓，我就起床了……"三弟直摇头："哪有母鸡报晓之理？"大哥嘿嘿一笑说："好！你不相信我说的话，罚米一斗。"二哥接下去说："我没有大哥这么勤快，因此家里穷得老鼠撵着猫吱吱叫……"三弟又连连摇头，二哥得意地说："你不信，也罚米一斗。"后来……（20分钟内完成）

训 练 指 导

教育目的

训练学生的思维能力。

主题分析

人们认识事物离不开思维，正是由于思维能力才使得人们对事物的认识超越了时空的限制，大大扩大了认识的范围。思维力在智力的各成分中占据核心地位。所以，在日常的训练活动中教育者都很重视学生思维能力的开发。可以说良好的思维能力既是顺利学习的前提和保证，也是学习的目的与归宿。

训练方法

讲解；训练。

训练建议

1．教师向学生讲解关于思维的一些知识。了解思维的基本特征和基本过程。

2．对学生进行思维训练，让学生懂得如何思维。

3．教师可向学生介绍一些思维方法。

得高分的画

情感共鸣

古时候有一个教绘画的教师以"深山藏古寺"为题让学生作画，有的学生画了很多山，在最深处的山中画了一座古寺，有的学生只在众多的山中画出了古寺的一角，其中只有一个学生并没有画出古寺，而是画了层层大山，密密的树，一级一级的台阶时隐时现，一个小和尚正在山下挑水。最后此画得了最高分。

认知理解

1. 为什么这幅根本没有画"古寺"的画，反而得了最高分呢？

因为有和尚挑水说明山中一定有古寺。这是一幅充分发挥想象力的好作品，它给人们留下了广阔的想象空间，所以得了最高分。

2. 想象对一个人的日常生活的影响是很大的。一个人如果对自己的生活前景有美好的想象，就会激励他朝气蓬勃地去战胜各种困难。例如：红军长征的时候，既要面对数十倍于自己的敌人的围追堵截，又要面对茫茫的雪山草地，没有退缩，没有被敌人吓倒，为什么呢？因为他们被新中国的美好想象所鼓舞，所激励，充满了革命乐观主义精神，才取得胜利。相反，一个人如果对前途充满悲观恐怖的想象，那么他一定会意志消沉，丧失生活的勇气。

3. 曾经有这样一个例子，一个工人进入了冻肉库，不小心把库内的门锁上了，这时他发现自己忘了带钥匙，于是对寒冷的恐惧和求生的欲望使他拼命地拍手大叫，手都拍出了血，可仍然没有谁能听到他的呼救前来救援。他绝望了，对寒冷的恐怖使他吓得发抖，2个小时后，来接班的工人开门时发现他已经死了。实际上冻库的制冷系统因停电已有两天没有工作了，他是在常温下被冻死的。这说明了什么呢？

这说明想象很重要。

操作训练

1. 回答问题：

（1）如果地球上没有了水会怎样？

（2）再过20年，我们的祖国将会变成什么样子？

2. 图形想象训练：

尽可能多地写出（或说出）什么东西与"〇"图形相像。

3. 想象性绘画

（1）画一幅表达"喜欢"这个词的图画。

（2）画一幅表达"痛苦"这个词的图画。

（3）画一幅表达"静思"这个词的图画。

（4）画一幅表达"异想天开"这个词的图画。

（5）画一幅表达"甜蜜的梦"这个词的图画。

4．假想性推测：

（1）假如世界上一只老鼠都没有，将会怎么样？

（2）假如世界上没有任何钱币，将会怎么样？

（3）假如所有的人无论怎样都不会饿死，将会怎么样？

（4）假如真有"宇宙人（别的星球上的人）"到地球上来，将会怎么样？

（5）假如世界上没有一点灰尘，将会怎么样？

5．做主题图或文章

围绕"未来世界"展开想象，设想我们的未来是一种什么样的生活方式？例如：绘出100年后的交通工具的草图；描述100年后人们的生活方式；绘出"外星人"的样子……

训练指导

教育目的

培养学生丰富的想象力。

主题分析

对于学习活动来说，没有想象的积极参与是不可思议的。一个人想象力的发展水平是依其所具有的表象的数量与质量为转移的，表象越贫乏，其想象越狭窄、肤浅；表象越丰富，其想象越开阔、深刻，其形象也越生动逼真。所以，为了培养学生的想象力，积累表象是前提，善于把事物联系起来，找出事物间的关系。

训练方法

故事启发；训练

训练建议

1. 教师讲述关于想象的故事，启发学生提高自身想象力的欲望。

2. 给学生提供一些训练想象力的素材，供学生进行想象训练。

3. 组织学生讨论想象力在学习中的作用，让学生认识到想象与知识获得的关系。

云雾室

训 练 内 容

情感共鸣

英国物理学家威尔逊曾经发明了云雾室，专门用来对各种粒子运动的痕迹进行观察和照相，并因此而得到了1927年的诺贝尔奖。这种云雾室是怎样发明的呢？原来是威尔逊通过对雾的观察和研究发明的。雾是大家司空见惯的东西，英国伦敦因为雾多被人称为"雾都"，在大气压较低的高山上，云雾迷茫，更令人神往。威尔逊对雾进行了连续几年的观察和研究，终于发现，要形成雾，除了水蒸气很多以外，还必须有一个凝结的核心——尘粒。因此他想到，看不见的电子等微观世界中的粒子，如果让他们充当雾核，形成雾，就可以看见了。威尔逊就是按照这种思路发明云雾室的。

认知理解

从以上的事例可以看出，只要我们是个有心的人，我们周围的常见的事物都可以成为我们观察的对象，只要你坚持不懈地进行观察和研究，你的观察能力就会提高，甚至会发现一些不平常的科学规律。

同时，在进行观察训练以前，要给自己提出观察的目的、任务。这样，你就会为了达到观察的目的，为完成观察的任务，高度集中注意力，细心地进行观察，使自己的观察能力得到发展。

另外，在观察训练时，要学会观察的技能和方法。观察要细致，抓住观察对象的本质问题。不能粗心大意，只注意观察对象中色彩鲜明，刺激较强的部分，而忽视了细微而可能是重要的部分。

操作训练

1. 字母观察作业

每一题中都包含两组字母，如果这两组是相同的，写S；如果两组不相同写D。时间为1分钟。

（1）PSCHYOZOATECHNIMONOClHROMITE

PSCHYOZOATECHNIMONACHROMITE

（2）CharlesB．FortescueS2Sons

ChariesB．FortescueS2Sons

（3）GunnarGadGalbaird，Jr.

GunnarGadGalbaird，Jr.

（4）HEXATRIXIMENIAHELPCOME

HEXATRIXIMENIAHEIDCOME

（5）HEMISPHERICURANIUMATINGPOWERCORP．

HEMISPHERICURANIUMATINGPOWERCORP.

（6）agglutinated tintinabulation

agglutinated tintinnabulation

2．观察活动

（1）星期天到植物园参观植物，并写出观察日记。

（2）观察人的表情，学会察言观色，善解人意。

训 练 指 导

教育目的

1．通过生动的生活事例和讲述分析，使学生了解什么是观察力及其观察力的重要性。

2．培养学生掌握观察生活和社会的初步能力及基本方法。

3．训练学生观察的精确性、速度和概括性。

主题分析

观察力是一种有目的、有计划、持久的知觉活动。观察力是从事任何一种专业活动都不可缺少的能力。一个人如能勤于观察、善于观察，就有可能随时发现问题，得到意想不到的收获，因此，许多杰出人物都看重观察力。例如：著名生理学家巴甫洛夫就把"观察，观察，再观察"作为他的座右铭，并告诫学生："不学会观察，你就永远当不了科学家。"可见，通过训练培养学生的观察力，意义十分重大。中学生观察力的发展主要表现在观察的目的性、持久性、精确性和速度等方面，观察力的训练应该有意识地促进这些品质的形成和发展。

训练方法

讲解；作业。

训练建议

1. 教师给学生讲述伟大的物理学家威尔逊的故事，使他们认识到观察的重要性。

2. 教师讲述观察时应遵循的基本方法。

3. 给学生布置适当的观察作业，有意识地训练他们的观察力。

非凡的记忆力

情感共鸣

在俄国，音乐家拉赫玛尼诺夫具有非凡的记忆力，长期以来，一直为人们所惊叹。据说有一天，另一位著名音乐家到拉赫玛尼诺夫的老师家里演奏了他刚刚写好的一部新的、任何人都没有听过的交响曲。爱开玩笑的拉赫玛尼诺夫的老师就把自己的学生藏在自己的卧室里。当这位著名音乐家演奏完他的交响曲之后，老师就把拉赫玛尼诺夫领了出来，小伙子坐到钢琴跟前，把这支交响曲完整地重奏了一遍。那位音乐家听后百思不得其解：这个音乐学院的学生是从哪儿得知他的作品的？

据报道，1974年3月，在缅甸的仰光市，一位叫班坦塔·维西特沙拉的人在大庭广众之下背诵了1600页佛教经典。据新华社报道，中国东北哈尔滨市一位26岁的青年郭延龄能背出15000多个电话号码。

1987年3月9日，在日本筑波大学俱乐部里，55岁的日本国横滨人友良获秋，用17小时21分钟（其中包括4小时15分钟的休息），背出了圆周率小数点以下的四万位。

认知理解

1．以上的事例说明人类具有惊人的记忆力。心理学家认为，记忆是过去的经验在人脑中的反映。记，是记住过去的经验；忆，是记住了的经验必要时得以复现。记是忆的前提，如果不能记住过去的经验，忆就成了无源之水，无本之木；忆是记的表现。

2．记忆能力的强弱影响着人的一切活动。记忆力强，有利于掌握更多的知识。但记忆能力的强弱，除先天的生理影响外，是可以通过后天的培养得到提高的。实践证明，大脑的记忆力是"用进废退"的。这就是说，你使用脑子去记忆的活动越多，记忆力就越强。良好的记忆力，是可以通过后天的教育、训练、培养而获得的。

操作训练

1．记忆力测试：

下列所列的往事，哪几件事还能想得起来？请将记得的事项，划"√"；想不起来的，就空下来。

（1）还记得小学三年级的数学老师吗？他叫什么名字？

（2）还记得上星期二的晚餐，吃了些什么菜吗？

（3）还记得自己几岁开始，才不让大人带着，自己去上学？

（4）能记住妈妈单位的电话号码吗？

（5）过八岁生日的情景，还记得吗？

（6）小学时，读的第一本课外读物的书名还记得吗？

（7）小时候，除了父母，第一个带你出去玩的是谁？

（8）新朋友中，哪一位是最晚结识的？

（9）昨天早晨出门时，最先碰见的熟人是谁？

（10）最近听的一次演讲（或听报告、校会、班会等），其主要内容还记得吗？

（11）最近看的一次电影，剧中主人公的名字叫什么？

（12）最近读过的小说，书名还记得吗？

（13）上星期四外出穿的服装，其颜色及样式还记得吗？

（14）父亲的生日能记住是几月几号吗？

（15）有生以来，第一个令你喜爱的歌曲是哪一首，歌名还记得吗？

评估：

（1）尚能回忆12项以上者，不但记忆力惊人，而且情感丰富。

（2）能回忆10、11项者，记忆力相当好。

（3）能回忆8、9项者，记忆力还不错。

（4）能回忆6项以下者，记忆力不佳了。

训练指导

教育目的

1. 使学生了解自己的记忆力情况及记忆力在人生活中的重要作用。

2. 根据记忆规律及获得非凡记忆力的法则，使学生明白记忆力可通过后天的教育、训练、培养而得到提高。

主题分析

记忆是人将感官输入的信息加以保持，并在一定的时候将这种信息重新提取出来的过程。记忆过程包括识记、保持和再认或重现三个阶段。一个人如果识记迅速准确，保持长久而少遗忘，又能随时提取所记的信息，那么，他的记忆力就强。记忆力是每个人都具有的基本认知能力，通过后天的训练，掌握良好的记忆方法和技巧，就能使记忆力有所提高。人在10～17岁是记忆力的旺盛时期，在18岁时可达到记忆力发展的最高峰。由于记忆力对于学生的学习极端重要，有必要在中学阶段训练学生的记忆力，帮助学生掌握记忆的方法和技巧，促进记忆力的发展。

训练方法

讲述与训练；心理小测验。

训练建议

1. 教师向学生讲述几个生动的具体事例，使学生明白具有良好记忆力的重要意义。

2. 教师要让学生在轻松愉快的气氛中参加记忆力的训练。

3. 对学生进行记忆力的心理小测验，使学生对自己目前的记忆力情况有一个初步的了解。

"注意"是一扇门

情感共鸣

我国战国时期思想家、教育家孟子曾以学习下棋为题写道：有一个叫弈秋的人，是全国著名的棋手。他同时教两个人下棋。其中一个人专心致志地听老师讲如何下棋，而另一个人则一边听着一边想着：有一只天鹅将飞过来，我要用弓箭把它射下来。结果，二人的棋艺大不相同。两人同时向弈秋学习下棋，却有截然不同的表现和结果。

认知理解

1.两个人的棋艺大不相同的原因是两个人的注意力有所差异。"注意是一扇门，凡是从外界进入心灵的东西，都要通过它。"这个比喻是再恰当不过了。往往有这样的情景：老师在讲课，许多学生都聚精会神地听、专心致志地思考，很快地，就掌握了老师传授的知识。但总有个别学生上课"坐不住"，注意力集中不起来，开小差、做小动作，老师讲授的知识就擦"门"而过，下课了，要做作业了，才发觉一点也不懂。

2.注意持续的时间，随着年龄的增长而延长。一般来说，年龄越小，他们注意的时间也越短。据科学家研究统计，5至7岁儿童能聚精会神地注意某一事物平均是15分钟，7至10岁是20分钟，10至12岁是25分钟，12岁以后是30分钟。在中学阶段，随着学生自制力的发展，他们已经能较长时间地、稳定地、集中注意某项活动和某个内容，他们的注意力保持45分钟已毫不困难。

操作训练

为了能提高注意力，下面我们一起来做一个有趣的训练。请看下面的数字：

5 4 3 7 9 1 2 5 7 6 5 0 8 1 3 4
6 6 4 5 1 2 6 8 3 4 0 8 7 3 5 2
0 9 4 7 8 9 0 1 8 5 2 4 1 7 8 0
1 5 4 6 3 4 9 1 2 2 5 4 1 8 6 4
5 5 2 1 8 0 7 3 2 5 8 6 0 6 7 5
9 2 5 4 3 4 4 7 3 5 0 6 4 9 1 0
8 4 6 1 5 7 6 8 1 6 2 4 7 2 5 0
4 2 5 6 8 9 8 4 9 8 7 1 4 9 3 6
1 5 2 6 8 5 7 1 9 8 4 9 2 7 4 7
5 5 9 3 7 0 4 1 2 8 7 5 9 6 3 4

训练方法及训练目的

1.方法：圈3（或其他任一指定数）。目的：锻炼注意的指向性和集中性。

2.方法：圈3字前面的一个数。目的：锻炼注意的转移力。

3.方法：圈3字前一位的7字（或其他指定数）。目的：发展注意的选择性。

4.方法：圈3和7中间的偶数（或奇数）。目的：训练注意的分配能力和广度。

训练指导

教育目的

1.让学生初步了解什么是注意力，以及注意力在学习中的重要意义。

2.掌握随年龄增长，注意持续时间延长的规律。

3.训练学生的注意力。

主题分析

人的心理活动指向并集中于某一对象就叫注意。比如，"注意听"是听觉对声音的指向和集中；"注意看"是视觉对事物的指向和集中，"注意记"是心理活动对记忆材料的指向和集中。如果没有注意，那就可能视而不见，听而不闻。人们对生活中的事物，注意了，反映就清晰；不注意，反映就模糊。有经验的老师，常常能根据学生的外部表情，来判断其注意力是否集中。因为人在注意某对象时，常常出现特殊的表情、姿态和动作。在中学阶段，注意力的水平直接影响学生的学习成绩。因此，应有意识训练学生注意力，以提高他们的注意水平。

训练方法

讲故事；作业训练。

训练建议

1. 教师向学生讲述生动的故事，让学生从中明白注意力在学习、生活中的重要意义。

2. 教师讲述人的注意力发展的一般规律。

3. 对学生进行注意范围、注意稳定性等方面的训练，以提高他们的注意力水平。

橡胶鞋的发明

情感共鸣

一个名叫奥沙利文的排字工人每天晚上回家时感到脚疼，因为他必须整天站在石头地上工作。一天，他带了块橡胶垫去上班，他感到站在橡胶垫上舒服多了。

可是，脚一离开橡胶垫，就又开始疼起来。既然走到哪儿把橡胶垫带到哪儿很不方便，为什么不能把橡胶垫粘在鞋上呢？这是一个合乎情理的办法。于是，奥沙利文便照他鞋跟的形状剪下两块橡胶垫，粘在鞋上。就这样，1889年，橡胶鞋跟问世了。

认知理解

1. 在人类社会发展的进程中，经济发展始终处于基础地位，经济的发展常常以生产力水平的提高和生产关系的适应为前提。而生产力水平的提高和生产关系的适应，无不集中反映出人的创造力。例如：石器的使用，弓箭的发明，火的使用，铁器的出现等等。正是由于人的创造力，才使得生产力水平不断提高，才使得经济不断向前发展，才使得人们的生活水平不断提高。此外，对于个人来说，个人的创造力则可以促进个人的发展。例如：有创造力的人，学习效率高，学习效果好；有创造力的人，工作效率高，工作有成效。

2. 美国心理学家马斯洛指出：创造力是人性的一种基本财富，我们大家在一出生就都具有了，但在社会化的过程中大部分却不同程度地丧失了。因此，创造力的火花潜伏在我们每个人身上。只要加以培养和挖掘，每个人创造力都可以得到显露和提高。

操作训练

1. 动脑筋

（1）上班的路上，遇到一件怪事。大家知道，司机开车闯红灯是要受到处罚的，可是见到一位司机，竟丝毫无顾虑，大摇大摆地朝着红灯而行，警察也没有阻拦他。这是怎么回事？

（2）一个男子带着枪进了一家银行，老板给了他2500美金，这是怎么回事？

（3）采用脑力激荡法进行分组讨论：

把学生分组，8—10人为宜，每组一个小组长或主持人。教师向学生提出2个讨论题目，即①有什么方法可以使大家不乱丢垃圾；②周末活动做什么更有意义。题目出了之后，教师要向学生讲明必须遵守的规则，即脑力激荡法有名的4条规则：

第一，不要批评别人的意见。

第二，观点意见越多越好。

第三，自由思考，容许异想天开。

第四，可以将别人的观点意见组合或改进。

小组长主持小组讨论，鼓励大家发表意见，并做记录。讨论完一个题目后，由各组选择出3条最好的意见提交全班评价。

2．小测验：

（1）你对创造力感兴趣吗？

A.有浓厚兴趣；　　　B.很不感兴趣；　　　C.无所谓。

（2）你认为自己将来是否会拥有创造力？

A.会；　　　　　　　B.不会；　　　　　　C.说不准。

（3）你认为自己的创造力将会在哪些方面表现得更突出？（可选2—3项）

A.文学创作；　　　　B.军事指挥；　　　　C.机械制造；

D.科学研究；　　　　E.企业管理；　　　　F.太空宇航。

（4）在中学阶段，你的创造能力会在哪些方面表现得较明显？（可选2—3项）

A.作文有感染力；

B.数学解题思路敏捷新颖；

C.生物课到野外寻找动植物标本；

D.理化课做实验精巧灵便；

E.音乐、体育、美术。

（5）思维训练题

列举出玻璃水杯的5种缺点，并力求找出克服其缺点的一两种方法。

（6）思维训练题

A.见到"绿色"这个词，你会想到什么？（列举15种）

B.铅笔可以有多少种用途？（列举10种）

C.一个人夜间读书，家里突然停电了，但他仍在读书，这是

为什么？（列举出三种可能）

教育目的

1. 使学生了解什么是创造力，创造力对人的重要意义，让他们对创造力产生浓厚的兴趣和探究心理。

2. 掌握与创造思考有关的方法。

3. 使学生明白人人都具有创造潜能，重要的是你是否善于挖掘。

主题分析

创造力是一个有争议的概念，但是，根据多数研究者的意见，可以把创造力看成是一种提出新问题、新点子、新想法和创造新事物的认知能力。它表现为对事物的洞察力，思考的流畅性、变通性和独特性等认知特征。创造力并不是由伟大的科学家、发明家和艺术家所独有的，其实，我们每个普通人都具备灵活思考、创新的潜力。因此，创造力训练的目的就是要开发学生创造的潜力，具体说来就是激发学生创造的动机，鼓励学生的创造表现，教授学生创造的方法和技巧，以促进学生创造力的发展。

训练方法

讲故事与讨论；脑力激荡法；作业训练。

训练建议

1. 教师向学生讲述生活中的具体事例，以使他们明白创造力在生活中的重要意义。

2. 教师指出具体问题情境，让学生进行分组讨论，同时必须遵守规则，以促进其创造力的发展。

3. 通过作业训练来提高学生的创造力。

哥伦布的 "想不到"

情感共鸣

哥伦布发现新大陆后，一夜成名，有些贵族却对此不满。在一次庆功会上，一名贵族当着哥伦布的面说发现新大陆不过是偶然碰巧了，算不得什么成就。哥伦布没有反驳，而是拿起一个鸡蛋问谁能把它竖在桌子上，众人逐一试过没有能把鸡蛋成功地竖立在桌子上的，这时哥伦布拿过鸡蛋，轻轻敲碎底部，轻而易举地把鸡蛋稳妥地竖在桌子上，他说："这件事同样很简单，只是你们想不到而已"。

爱迪生一次让助手计算一灯泡的体积，由于灯泡形状不规则，助手忙得一头大汗也算不出来，爱迪生过去把灯泡顶部弄破，灌入一灯泡水，再把水倒在容器中，一目了然地看出灯泡的容积。

两个故事，一个道理；只有善于摆脱常规思维，善于推陈出新，从别人都注意不到的角度反弹琵琶出新意，才会赢得超群的成功。嚼别人吃过的甘蔗，虽可充饥，却非美味。

认知理解

创造力是众多智能成分中最可贵的一项，社会和个人都是靠不断的创新才得以进步的，单纯的重复只会停步不前。

创造力是可以后天培养的，心理学家分析创造力的特性包括灵活性、流畅性和变通性，开发培养创造力的方法就可以从这些特性出发。

历史上各种创造的方法通常有：

1. 组合法，即指在原有两件东西的基础上加以组合为一样东西的方法，如将收音机与录音机加起来变为收录机。

2. 缩减法，即指在原有东西的基础上，减少一些因素的方法，如电子计算机初创时有篮球场那么大，现在已缩减为手掌大小。

3. 替代法，即将原材料进行升级换代的替换。

4. 颠倒法，即指一种逆向思维，法拉第就由电流产生磁场倒过来想由磁场产生电流。

5. 仿生法，即模仿自然界各种生物的特点进行创造。

高中生学习任务繁重，为更好地完成学习任务，就需从现在起培养创造力，为将来创造性的工作打下基础。

但创造力的培养不可强求，应注意以多样的形式融合到日常生活和学习中，务求有趣和有成功感。

操作训练

1. 问猫和电冰箱有什么相似之处？

（都有尾巴，都有 4 只脚，都能叫出声，都不穿衣，都能吃鱼，

都有一脑袋，都会发抖等）

2. 说出会飞的东西，越多越好。（5分钟内）

（鸟、飞鱼、落叶、蝴蝶、肥皂泡、降落伞、滑雪的人，鹅毛、蒲公英、天使、风筝、气球等）

3. 说出绳子的各种用途。（5分钟内）

（捆东西、跳绳、拔河、晒衣服、登山索、升旗、当鞭子、做渔网、丈量、建房子的重垂线等）

4. 说出纸有哪些缺点？（5分钟内）

（容易撕破、遇水变烂、折过就有痕迹、容易燃烧、太软、浪费木材）

5. 给你三种几何图形，用它们来任意组合成各种形象，并起一个好听的名字，每种图形只能用两次。

训练指导

教育目的

培养学生的思维能力，促进智力的增长。

主题分析

开发学生的思维能力早已成为教育的重要任务。训练过程中，向学生传授知识的同时，一定要考虑把思维能力的培养寓于其中。中学生在已有经验的基础上，抽象逻辑思维能力已有很大的发展，初中时期正是逻辑思维发展的关键期。此时，应采取多种措施，来促其思维能力的良好发展。除采用学科渗透方式之外，还可以运用专门化训练来进行。训练时着重培养学生的思维多样性、超常性、灵活性等发散思维能力，同时兼顾复合思维能力的开发，使发散思维与复合思维紧密结合，开发学生的创造力。

训练方法

讲解与训练。

训练建议

1. 教师向学生讲述关于思维的一些简单心理学知识，其目的是为学生思维能力的开发奠定知识基础。

2. 对学生进行思维训练，重在通过训练，让学生认识到思维能力开发的重要性。

3. 让学生在日常生活、学习中多用脑、巧用脑。

记忆方法训练

情感共鸣

测验你一道地理题：东亚有哪四国？你有没有落掉一国？有没有什么方法能一举牢记四个国名呢？

有人巧妙地取四国名开头一字，稍加组合进行谐音记忆为：冻鸭（东亚）终日吵梦（中日朝蒙）。如此生动有趣，想忘都忘不掉啊！

传说法国的著名皇帝拿破仑有惊人的记忆力，他手下服役一年以上的士兵他都能立即准确地说出该士兵的名字或背景，常常能让士兵感动不已，死心塌地为他冲锋陷阵。

我们自然不能人人都如拿破仑，天生记忆力非凡，可是如果你懂得记忆的方法和"高招秘诀"，后天发展起来的记忆力也会卓尔不群的。要知道，会记忆可是强闻博记的成功者的必备素质之一。

认知理解

你是一个懂得记忆的人吗？

首先，人的记忆类型可分为三种：视觉型、听觉型和运动型。有的人看过的东西记得更牢，有的则是听过的东西记忆效果更好，有的则是操作过的东西难以忘记。这就提醒我们要利用多感官渠道来记忆。

其次，了解自己最适合记忆的黄金时段。人们常有的类型是早起型和晚起型。你通常是清晨的记忆效果好还是晚上的记忆好呢？找出你的记忆巅峰期并有意识地加以利用！

第三，一般性的记忆规则有：

1. 有强烈的记忆愿望可以帮助记忆。你可以尝试告诉自己这些东西很重要，我一定要记住，来增强自己的记忆愿望。

2. 善于发现记忆的材料。要拣关键的记，在总结归纳的基础上精简出要记的材料。

3. 及时复习。

4. 分散记忆。不要太勉强自己记大块的东西，可以分批记。

5. 集中注意力。心不在焉是记不住东西的。

6. 尽量理解后再记，在记忆材料中寻找规律。

最后，具体的一些记忆方法在后文的操作训练会有实际训练，愿你记得巧，记得妙，记得呱呱叫！

操作训练

1. 联想记忆训练

迅速记忆十个词语：火车、河流、风筝、大炮、鸭梨、黄狗、闪电、街道、松树、高粱。

可以进行这样的奇特想象：一列快如闪电的火车在河流上奔跑，河上漂来一只大风筝，风筝上架着一门大炮，大炮的炮筒里打出一个鸭梨，鸭梨打进黄狗嘴里，黄狗跑进街道，跑到一棵松树上，咬住了松树上长的一颗高粱。这种想象在脑里形成活动的画面，主动对记忆材料进行了深层次的操作，记忆效果会很好。

训练记忆实行君主立宪制的十个国家：英国、西班牙、泰国、荷兰、澳大利亚、比利时、卢森堡、日本、马来西亚、丹麦、加拿大。参考：西太（泰）后（荷）单（丹）独一身驾（加）了一匹（比）英俊无（卢）比的澳大利亚马去日本了。

2．谐音记忆法训练

本课开篇举的例子就是谐音记忆的应用。又如记忆马克思的生活年代1818—1883，可谐音为一爬一爬一爬爬山。再练：化学中的金属元素活动顺序表是：钾、钙、钠、镁、铝、铁、锡、铅、铜、汞、银、铂、金。可谐音为：加个那美丽的锡铅，统共一百斤。

3．图形记忆法训练

首先的应用是地理学科，把文字形的材料转化成图形化的材料，一见图就回忆出来了。如矿产分布图，降水量分布图等。另外，把学到的知识化成大纲图，或分支图，易记。如记化学上盐的制成可以画出流程图。

4．口诀记忆法训练

编一些朗朗上口的口诀精练地把记忆材料联系在一起帮助记忆。如周总理就把我国30个行政区域（当时海南属广东省）编成口诀：两湖两广两河山，五江云贵福吉安，四西二宁青甘陕，还有内台北上天。练习编沿海城市名口诀。

由于这些方法都必须动脑思考，会很费时，可一来这样记得牢，二来练习创造力，且熟能生巧。

训练指导

教育目的

帮助学生掌握灵活的记忆技巧，提高学习效率。

主题分析

记忆是智能活动的必备基础，也是人们学习、工作和生活的基本机能，有了记忆，人们才能联结起心理活动的过去和现在。高中生的记忆主要靠理解记忆，所以掌握记忆的方法和技巧十分重要，不但能促进知识、技能和才干的增长，而且可以减轻过重的学习负担。心理学对人的记忆做过很多研究，诸如记忆的规律、记忆的原则、记忆的常用策略等，本课将结合中学生的实际情况，对学生进行记忆策略方面的训练，了解自己的记忆，提高自己的记忆能力，做个记忆力强的人。

训练方法

示范法；练习法。

训练建议

1. 先进行"联想记忆训练"部分，生动示范此记忆策略的好处，再让学生练习。

2. 再进行"谐音记忆训练"部分，让学生概括其意义。

3. 图形记忆法训练。

4. 口诀记忆法训练。

5. 教师总结，让学生以后自觉选择应用训练过的方法。

敏锐的观察力

情感共鸣

什么叫"眼观六路，耳听八方"？

这是旧时小说中描述武林高手的超群的观察力，现今小说中主要是一名侦探能明察秋毫，由蛛丝马迹捕捉出重要信息。比如柯南道尔笔下的福尔摩斯。一天一个朋友来探望福尔摩斯，一见面福尔摩斯就说："你走了这么长的路，一定累坏了，你怎么不从汀尔街道走呢？那稍近一些。"朋友极为诧异："你怎么知道我走路来的？你又怎么知道我没走汀尔街道呢？"

"你脚边的泥告诉的。汀尔街道没有这种红色的泥，而且泥这么多，你一定是走路来的。"除了小说中的人物，名人轶事中这类美谈也不少见。法国作家乔治·西姆农和他朋友一起散步，突然西姆农吹起口哨，惊叹道："上帝，她一定非常可爱！"朋友十分疑惑："谁？我只看到几个小伙子呀！"西姆农从容笑道："这位姑娘在我们后面！""难道你能看到她？""不，我看不到他，但我可以看到走过来的那几个小伙子的眼中的神色。"

不一样就是不一样啊！多么敏锐的观察力！

认知理解

人有多种感觉：听、视、味、触、嗅、痛、压觉等，对感觉得来的各信息加以理解即为知觉，而观察力就是一种特殊的、发展水平较高的知觉能力。观察力强的人可以迅速而敏锐地注意到有关事物极不显著却非常重要的细节和特征，从而获得一般人得不到的信息，稳操胜券。观察力是一项技能，可以后天培训和训练。幼儿常做的两张图片中找不同就是一种训练观察力的形式。高中生学习任务繁重，要重点培养自己在日常生活和学习中留心观察。

首先要有弄清"为什么""到底怎么回事"的兴趣和劲头，然后别着急去直接接受有关知识，而是试着去靠自己的细心观察和思考得到答案。这样持之以恒，既有趣味又能锻炼观察力。

巴甫洛夫曾送给青少年朋友一句话：观察，观察，再观察。正所谓处处留心皆学问。

操作训练

测测你自己的观察力

1.找出两组字母中相同字母的个数，并写在题号前的括号里（限时1.5分钟）。

（　　）a. XMHE；YBNSDF

（　　）b. COAR；PEORFD

（　　）c. CFKH；PNDMHO

（　　）d. MKGN；AHSPKF

（　　）e. PFXD；EFOPDX

（　　）f. NTWA；HOMIDF

（　　）g. VI–IBR；KUNVRB

（　　）h. MRHS；DJRSNO

（　　）m. TPGZ；SXNOPG

2.游戏：取若干张贺年卡（要求有凸凹兀感的），让相应个数的同学各挑一张，迅速地展示，迅速地选定。然后让他们逐一背过脸用手在若干张卡中摸出自己挑中的那一张。让同学测测自己当时的观察力是否迅速而敏锐。

3.猜猜他（她）是谁？

某同学凭着自己平时的观察，描述班上任一同学，让其他同学凭着这描述猜测他（她）是谁。所要描述的同学由老师随意指定。

训练指导

教育目的

训练学生的观察力，促进学生自我培养敏锐观察力的心理品质。

主题分析

观察才会有发现。初中生刚进入高级层次的知识学习，良好的观察力是其应备的一项心理品质。人的观察力是需要培养的，也是可以培养的。具体的培养方法是首先了解观察力的重要性和作用，树立培养观察力的意识，之后了解自己的观察力的水平，以明了培养的迫切性，然后再让学生知道要从细微处培养，提高自己的观察力，发现问题，寻找知识。

训练方法

测验法：游戏法。

训练建议

1．依照训练的学生用书为每个学生制一份测验卷，让学生自测一下自己的观察力水平。

2．做一游戏，让学生切实感受同学间确有观察力强弱不同的差别，树立培养观察力的决心。

3．做"猜猜他（她）是谁"的游戏，帮助学生体会可以在日常生活中训练自己的观察力。

给我一个支点

情感共鸣

阿基米德雄壮地断言：给我一个支点，我将撬起整个地球！

我们的智能也是这样，需要一个撬起的支点，那么，这个支点是什么呢？

有了它，我们可以上，无远弗矣，我们可以有天的辽远，海的深邃，无所不能，无坚不摧，我们的记忆力、创造力、理解力都会因此而提升。

它就是想象力。联想集团公司有句著名的广告词：人类失去联想，世界将会怎样？作为想象力一种具体形式尚且如此，那么人类失去想象力，世界更加不堪设想。

你的想象力怎样？做个小测验吧！测验的内容是编个故事，故事的开头和结尾已知，中间部分需要你自己展开想象力加以填充，要求合理而有情节。

开头是：一个德高望重的科学家参加考察队去考察，不幸遇海上风暴，流落到一个孤岛上，船已毁，食物有限。

结尾：这个科学家蓬头垢面地进了一家餐馆，要了一个特色菜：红烧信天翁。吃了几口突然泪流满面，拔枪自杀了。

认知理解

想象活动的基本特点是形象性和新颖性，在现实生活中有很重要的作用。

展开想象的基本方式大致有以下几种：

1．粘合，即将现实中的客观事物和一个引起从未结合过的属性、特征、部分在头脑中结合在一起形成新的形象。如美人鱼、猪八戒及科学中水陆两用的坦克等。

2．夸张，也称强调，通过改变客观事物的正常特点，或是突出某些特点而略去另一些特点而在头脑里形成新的形象。如千手佛、九头鸟等形象。

3．典型化，即根据一类事物的共同特征而创造崭新的形象的过程。鲁迅就曾说：人物模特没专门用过一个人，常常嘴在浙江，脸在北京，衣服在山西，是一个拼凑起来的角色。

4．联想，由一个事物联想到另一个事物。如记忆中的联想记忆法。

操作训练

1．读科学家爱因斯坦运用想象力提出相对论的故事，让大家说说想象力的重要性。

20世纪初，爱因斯坦做了一个对整个物理学界产生极大震动的思维试验。他认识到牛顿的万有引力理论存在着严重的缺陷。

为检验这种认识，他把自己想象成一个升降机上的乘客，正以比光还要快的速度急剧穿行太空。然后，他设想在升降机的一面开一个小孔，以便有一束光照射到对面的墙壁上。这使他发现，如果，升降机以足够的速度运行，那么，光通过升降机的瞬间里运行了一个有限的距离，那么，升降机中的观察者就会看到光束发生弯曲，在这个想象实验基础上，爱因斯坦提出了著名的相对论，断言引力场能使光发生弯曲。

2. "三字经"接龙，要读书——书好看——看电影——……（要求三字词是合情合理的，且不许用"着""了""过"）

3. 主题作图。根据教师的一定要求或简单描述后作画。比如"100年后的交通工具的草图"等。

4. 角色扮演。对某名著或电视剧、电影中的特定角色进行旧戏新演，如"东郭先生与狼"。

训练指导

教育目的

让学生明确想象力的重要性，自觉培养和训练自己的想象力。

主题分析

想象力是人类智慧的翅膀，想象是一种高级的、复杂的认知活动，具有新颖性和形象性的特点，通常与创造活动相关联。想象的功能有：能预见未发生的结果，能补充感知实际生活中所不能直接感知的事物，能代替满足一些当时不能实现的需要等，中小学生都是富于幻想的，要引导学生善于想象，科学利用想象。爱因斯坦说：想象是一切科学创造的基础。

训练方法

阅读法、讨论法、绘图法、游戏法、角色扮演法。

训练建议

1. 指导学生阅读小故事，组织讨论想象力的重要性，让学生明白想象力培养的重要意义；

2. 以词语接龙的形式训练词汇想象力；

3. 以图形识别形式训练立体想象力；

4. 用主题想象、绘图的形式训练想象创造力；

5. 让学生创造角色演戏，既活跃课堂气氛，又锻炼想象力；

6. 学生用书中的"情感共鸣"中的故事测验，参考情节是：此科学家在荒岛上饿昏过去后，队员们为抢救他，就把饿死的队员身上的肉割下来给他吃，并骗他说是岛附近的信天翁鸟的肉，以此这个科学家活了下来，进餐馆后他一得知信天翁肉和他在岛上吃过的肉味不同，想明白后，痛不欲生，于是自杀。

发掘自我潜能

情感共鸣

马戏团里表演的大象，都是从小就开始训练的。小时候的小象很调皮，玩性又大，故用绳子把小象拴在木桩上。由于小象力量小，经过很多次的试验都无法将木桩拖出来，当时间久了之后，只要把象系在木桩上，象知道自己无法挣脱，也就会很安分了。

小象长大变成了大象，不但可以做很多的表演，而且力大无穷。但是每次在表演后，却很安分的被绳子拴在木桩上。

大象的力量其实是很大的，但是它因为从小的经验，觉得木桩的力量比自己大，是唯一可以拴住自己的东西，使得它不敢去移动木桩，其实大象是被自己以前的观念所束缚，不了解自己的体力已有很大的改变了，因而放弃了想移动木桩的念头。

木桩，就像是妨碍个人发挥潜力的障碍，或许不是具体可见的阻力，而是由个人过去细微的经验所产生的无名恐惧。

哥伦布发现了新大陆而名传千古，而你，为什么不做自己人生的哥伦布呢？充分发掘自我潜能，你就是一个巨人！

认知理解

我们每个人都具有无限的力量，然而奇怪的是，我们许多人都把它忽视了，或者说白白地流逝了，因此常造成许多不必要的失败。

实验研究证明，人的大脑是一个丰富的宝库，可我们所利用的仅仅十分之一左右，也就是说，我们还有许多未开垦的处女地，那就是我们的潜能。

我们白白丧失了许多机会，就是因为我们只相信了自己的感觉，而没有去做，去付诸行动，人远远比自己所想象的要能干，只是好多人没有弄清楚这一真相罢了。

你想唱歌，你就尽情地唱歌，也许你是个天生的歌唱家；你从未下过水，你就去试一试，也许你是个水性很好的人；也许你学习成绩不太好，那就从现在努力吧，你就是个智者！

操作训练

1. 发现自己的能力

按照下面的内容，分别列出你已做到的，你想达到的和你能做到的三项内容。

心理方面	情绪方面	身体方面
（1）想象	（1）领受性	（1）说话
（2）知识	（2）自我检讨	（2）走路
（3）努力	（3）热心	（3）姿态
（4）专心	（4）好奇	（4）运动

（5）计划　　　　（5）志向　　　　（5）写作

然后想一想，你自己是否在努力达到你所想达到的？其次，问一问自己是否把它用在积极的目标上。

2. 给自己制定一个目标，每个月都去从事做一件以前从未做过或想做而又不敢做的事，并注意一定要坚持，对自己说："我有一个月的时间去尝试，也许会成功的，不做一做怎么行呢？"例如：唱歌、学跳一个舞蹈、学计算机、做几何题、交一个新朋友等。

3. 经常做一些益智训练，如背诵圆周率、作智力游戏、背诵古诗或自己喜欢的作家的作品等等，慢慢你就会发现，原来你可以掌握很多知识，你可以做得比以前更好。

4. 同学之间定期交流体会。

训 练 指 导

教育目的

1. 使学生认识到每个人都有很大的潜能可利用。

2. 教会学生日常训练的方法，发展自己的智能。

主题分析

现代思维科学研究证明，人的智力的发展有着巨大的潜在可能性，因为智力的发展与脑神经细胞之间联系的建立，密切相关。因为人生来就有140亿个左右的脑细胞，但孤立的脑细胞不能发挥智力作用，只有经过后天学习和环境刺激使脑细胞彼此建立起联系，大脑才能发挥智力。人的智力远远没有充分发挥出来，有的说仅仅发挥了10%，尚有90%左右的智能潜力有待开发。初中生正是人生的黄金时期的开始，脑的功能已趋于完善，可许多同学并没有意识到自己的智能潜力。因此，帮助同学们认清这一点并指明他们今后行动的方向是极其重要的。

训练方法

测验法、目标法、训练法、经验交流。

训练建议

1. 要从理论和事实两方面着手，使学生意识到自己所拥有的潜能；

2. 教师向学生传授一些益智训练方法；

3. 辅导学生制定目标，以便坚持在学习和生活中进行智能开发。

思维训练

训练**内**容

情感共鸣

下面这组题目可帮助你判断自己的思维倾向性或综合思维能力，选择合适的答案算出得分。

1. 在剧院、礼堂里你喜欢哪边的座位？

A.右边（1）；   B.左边（10）；   C.中间（5）

2. 思考对方的提问时，你向哪儿看？

A.向其左（10）；   B.向其右（1）；   C.直视对方（5）

3. 你的性格偏于——

A.外向（2）；   B.内向（8）；   C.难说（5）

4. 你适合——

A.白天工作（2）；   B.夜间工作（8）；   C.二者相同（5）

5. 从以下26项中选出你最长及最短各4项——

支配时间：好（2），差（7）；

条理性：好（7），差（2）；

计划性：好（2），差（7）；

创造性处理问题：好（8）；差（2）；

管理他人：好（2），差（7）；

不落俗套：好（7），差（2）；

说服别人：好（2），差（8）；

鼓动他人；好（2），差（7）；

将事物概念化：好（7），差（2）；

综合能力：好（7），差（2）；

洞察力；好（8），差（2）；

运用直觉能力：好（8），差（2）；

控制力：好（2），差（7）；

自我训练：好（2），差（7）；

办事动机明确：好（7），差（2）；

事先安排：好（2），差（7）；

推动计划：好（7），差（2）；.

任务按时完成：好，（1）差（8）；

咨询他人：好（7），差（2）；

谦恭有礼：好（1），差（8）；

责任心：好（2），差（7）；

目光长远：好（7），差（3）；

讲求实际：好（2），差（8）；

有见地：好（8），差（3）；

独立性：好（2），差（7）；

精力充沛：好（7），差（3）。

6. 下列词语中哪些最能刻画你的特点？选择其中5个。

善抓典型（8）；重视言词（5）；求实（8）；

聪慧（3）；细致（2）；长于类比（8）；

自我克制（2）；乐于创新（8）；惯于直观（8）；

语言天分（4）；数学才能（3）；艺术敏感（9）；

音乐才赋（9）；分析（3）；逻辑（2）。

7. 选出最符合你情况的4条。

性格外向擅长交际（2）；领导能力极强（2）；

对自己的智力时有怀疑（7）；酷爱艺术（8）；

自信心强（3）；审慎而负责（2）；

有事情宁可单干（8）；乐于投身集体事业（3）；

自认为非常敏感（7）；不喜听从管理（7）；

常自我批判（7）；尊重公众惯例及价值观（3）；

解释：

▲括号内为每一答案的分值，选择答案将其分值相加。

▲总分介于85—128分，属于左右半球综合运用最佳的，这种人身上蕴藏着较为可观的创造潜力。41—84分的人，倾向于使用左半球思维，是推理思维型，129—172分者属直觉思维型，较多使用右半球考虑问题。

▲得分过高、过低均非可喜现象，这证明你倾向性太强。今后应针对以往你认为难处理的问题及方面多加研究分析，找出症结所在，完善自己的综合思维能力。

做完测验，你对自己的思维有所了解吗？

认知理解

初中生的生理和心理均趋于成熟和稳定，这首先表现在智力的发展水平上，而思维是智力的核心，思维能力的发展水平直接影响到个体的智力状况。

我们的学习、生活、活动及人际关系等各个方面，都需要运用自己的思维活动。因此，了解自己的思维类型，进而有目的地发展自己的思维活动，无异于掌握了一把成功的金钥匙。

人的大脑分为左右两个半球，而分别履行着各自功能，一般人们对左脑资源利用较多，因而开发右半脑一度成为时髦的话题，而我们所想要达到的最佳状态，就是左右半球综合运用。希望你在了解了自己的思维特点的秘密之后，能够有针对性地改进，使你自己越来越聪明。

操作训练

下面给你介绍一些思维训练的方法，这样的训练最好每天都要进行，每次几分钟就可以，也可以同学之间以讨论方式进行。

1. 找一个词，如"树"，请你说出它的外延式，即借助概念的词展开思维，有松树、杨树、柳树、椰子树……

2. 联想训练，如见到太阳可想象红旗、红霞、红心……

3. 以你所见到的，有兴趣的事物多问几个为什么，然后努力寻找答案。

4. 阅读有关思维训练的书籍，同学之间交流体会。

训练指导

教育目的

1. 使学生了解自己的思维类型。

2. 对学生进行思维训练，使学生的思维能力得到提高和发展。

主题分析

思维力是智力的核心，观察、注意、记忆、想象都跟思维密切联系在一起，思维能力的发展水平直接影响到个体的智力状况。因此，一个人了解自己的思维类型，进而有目的地发展自己的思维活动，无异于掌握了一把成功的金钥匙。作为教师，有目的地指导学生进行思维训练，开发他们的智能，培养他们全面发展的素质，是义不容辞的责任。高中生的生理和心理均趋于成熟和稳定，必须抓住这个有利时期，这对于他们的学习、生活、活动及人际关系等各个方面都是非常有意义的。

训练方法

直接训练法、阅读法、讨论法。

训练建议

1. 组织好问卷调查，向同学们讲清思维类型并不代表一个人的智力水平的高低，而应该正确认清自己的智力情况。

2. 这些思维训练的方法一定要坚持进行才能取得成效。

3. 组织同学进行交流思维训练的方法，推荐一些有关的思维训练的书籍。

语言能力

情感共鸣

现代社会是需要综合性人才的时代，如何才能完整而艺术地表达自己的想法，则成了一个人发展水平的一个重要标志，而许多人恰恰忽视了这一点。

在上海复旦大学文科基地班招生的时候，就发生了这样的情况，有的同学的确掌握了大量的知识，阅读了许多相关书籍，在笔试中取得了很好的成绩，可是在口试的过程中，他们却不能很好地表达自己的看法，缺乏组织语言的能力，让老师不禁扼腕叹息。

相信你身边也有这样的例子，难道这还不对你有所警醒吗？我们已经是独立、成熟的个体，培养语言能力更是势在必行。

认知理解

语言分为口头语言和书面语言，而这两方面是我们今后学习、生活都必不可少的。

语言是交往的工具，也是智能发展的一个重要方面，是否能完整、流利地进行语言表达也反映思维的流畅性。而且一个人如果能很好地用语言表现自己的意图，也是自信的表现，而这些都会间接影响一个人心理的发展，因此培养语言能力是一个重要课题。

操作训练

1. 勇敢地表达自己的想法，当心里出现一个念头，就把它说出来。

2. 老师确定一个话题，组织同学讨论，让每一个同学都有表达的机会，交流之后，让同学把自己的体会写成书面文字。

3. 阅读一篇文章，让同学运用简短、精炼的语言复述文章内容。

4. 组织游戏，让同学扮演老师与学生、公司职员与应聘者、商品推销员与顾客等等，每一组必须达到预定的目的，让同学从中体会语言能力的重要性，老师结合同学的表演做分析，鼓励同学发展自己语言能力的信心。

5. 组织班级内小型的演讲竞赛、作文竞赛，请获胜同学谈自己的经验、体会。

6. 寻找名人小故事，从中体会培养语言能力的重要性；寻找名篇佳句，从中回味语言的魅力。

训练指导

教育目的

1. 使学生认识到语言能力在生活中的重要性。

2. 培养学生的语言能力。

主题分析

一个人的智能发展表现在他的各个方面，而语言能力就是一个重要方面。一个人不但要掌握丰富的知识，还要学会使用，这就需要语言的表达，包括口头语言和书面语言。而语言能力对一个人健康心理发展的影响则是更明显的，语言有缺陷的人常常伴有不同的心理障碍，即使语言能力正常的人，也需要不断努力，因为语言是人际交往的重要工具，它也反映一个人思维的流畅性。所以，培养语言能力是十分必要的，特别对于高中生来说，无论今后是步入大学课堂，还是走入社会，这都会成为他们有利的"武器"。

训练方法

实际训练法、讨论法、游戏法、阅读法、竞赛法。

训练建议

1. 通过具体事例使学生认识到培养语言能力的重要性。

2. 要注意书面语言和口头语言两方面齐头并进。

3. 做好游戏的组织工作，安排好同学的角色，分成几组排练一下，选材要有针对性。

思维技巧

情感共鸣

成语"金玉其外，败絮其中"源于明代刘基所写的一篇寓言式小品文《卖柑者言》，说的是杭州有个卖柑的人，特别善于保存柑子，经过冷天热天都不会烂掉。到拿出来卖时，柑子的皮色鲜艳得像火一样，但是剖开一看，里面的柑肉竟像烂棉花。这说明事物外部现象和内部实质之间不一定一致，必须靠思维来鉴别。这个成语揭示了凡事都要好好想一下，多问几个为什么，几个问号的背后将是揭示事物本质真相的惊叹号。"学而不思则罔"，"行成于思，毁于随"，是亿万学子实践所证实的道理。

认知理解

思维是人脑对客观事物的本质和规律的反映。思维靠知觉提供"丰富的感觉材料"。记忆、想象等认识活动以及其他各种心理活动都只有在思维的调节、控制下进行才能正确有效。因此，智力的核心是思维能力，学习的中心任务就是经过思维的分析、综合、比较、抽象、概括、系统化和具体化等智力操作活动，进行推理，做出判断，间接地和概括地认识学习对象的规律，掌握知识学会应用。

人的思维离不开知识，它们之间是相互依赖、相互制约的关系。知识好比自然资源，思维能力好比加工厂，资源丰富可以为工厂提供充足的原料，而工厂的设备先进可以提高资源的利用率。相反，没有资源，设备再先进也是"无米之炊"，也不可能生产出产品，没有先进的设备，资源再丰富也不可能得到充分的利用。所以，提高学习效率，就是积极训练自己的思维，并丰富自己的知识，掌握思维的技术。

操作训练

介绍一些科学思维方法，希望这些思维技巧能使你驾驭学海之舟。

1. 曲线思维法

"曲线思维法"是针对"直线思维"提出的，主张学习者应从多侧面、多层次、多角度地进行思维。十字曲线思维。即纵横聚合思维，可以向横的方向发展，向纵的方向开掘，可以由一点向四周伸发，或由四周向一点集中。这种思维可对一个知识对象的诸多方面进行分析、比较，达到触类旁通。

圆形曲线思维。碰到问题最好把它周围的一切事物都琢磨一下，前后左右全面考虑，最后再由结果回到原因上来，这样往往便于发现问题的症结，找到解决方法。

2．直觉思维法

美国心理学家布鲁纳在他的名著《教育过程》中指出："直觉思维与分析思维迥然不同，它不是以仔细规定好的步骤前进的……。"直觉思维是对问题的答案迅速地做出合理的猜想或突然领悟的思维，这时脑功能处于最佳状态，旧的神经联系会突然重新沟通，形成新的联系，是一种顿开茅塞的感悟。提高直觉思维能力应注意做到：有广博的知识经验和强烈的求知欲；解决问题时，依据线索，简缩思维过程；保持良好的情绪状态；随时记下突然出现的哪怕是微不足道的新念头。

3．逆向思维法

逆向思维是自觉地打破习惯性的思考方法，注意从与习惯的思维方向完全相反的方向去思考，如由"电能生磁"想到"磁能生电"等。

4．适应性思维

使动机强度和情绪状态与思维的内容和过程相适应以提高思维的效率，称为适应性思维。因而，要根据学习内容和要解决的问题的难易来控制自己的动机水平和情绪激动水平。

5．类比思维法

类比是比较思维的一种，通过分析研究对象间的相似之处，由此及彼，这种思维的实质在于："触类旁通"。运用类比思维法，首先要"吃透"研究对象，正如朱熹比喻"去尽皮，方见肉，去尽肉，方见骨，去尽骨，方见髓"，只有这样才能旁通。

6．头部刺激思维法

有意识刺激头脑以提高思维效率的方法称头部刺激思维法。正如人们所讲的用"搔头皮"来形容苦思苦想以打开思路。所以为使思维效果更好，你不妨用手揉搓头部或用手指、铅笔、尺子等轻轻敲打头部，用梳子或硬刷梳头，做三角倒立或理发洗头，做有关气功穴位按摩用以刺激思维。

训练指导

教育目的

1. 使学生了解积极思维对学习提高的重要性。

2. 培养学生的思维技巧。

主题分析

思维是智力的核心，在一定程度上，思维能力的高低不仅代表了一个人的智力水平，而且严重地影响着学生的学习成绩。思维能力通过后天的训练是可以提高的，高一学生的思维水平虽已基本定型，但教给学生一些思维技巧还是必要的。每个学生思维发展的速度是不同的。思维能力的高低不仅体现在思维的速度和准确性上，而且还表现在思维的深度、灵活性、批判性、独创性上，因而，教师在训练中要分析每个学生的思维特点，有意识地传授给学生一些思维技巧，提高学生学习的灵活性。

训练方法

讲解法、训练法。

训练建议

1. 教师要讲清思维技巧的重要性，防止学生"死学"。

2. 结合具体的例题，教师可以对学生进行各种思维训练，如曲线思维的训练、直觉思维训练。

3. 给学生布置一些思维训练题，经过不断的训练，学生的思维能力一定会有所提高。

联想实验

情感共鸣

当代苏联心理学家哥洛万和斯塔林创造了一种联想实验。他们提出，任何两个概念都可以经过四五个阶段，建立起联想的联系，例如："木质"和"皮球"是两个离得很远的概念，但只要经过四步很自然的中间联想，就可以把二者联系起来，木质—树林；树林—田野；田野—足球场；足球场—皮球。又如"天空"和"茶杯"也是两个不搭界的概念，但只经过三步中间联系，即可使彼此之间发生联系：天空—土地，土地—水，水—茶杯。研究表明：每个词语平均可以同将近10个词语发生直接的联想联系。按此类推，经过二步中间联系，发生联系的词语可达一百个；经过三四步中间联系，发生联系的词语可达一千个或一万个；到第五步时，两个毫无关系的概念都会发生自然联系。这就是想象架设的神奇桥梁。经常做这样的实验或思考，不仅可以提高想象力，也可以增强记忆效果。

认知理解

想象是在现实刺激物的作用下，人脑中的旧表象重新配合，从而构造出与原有事物基本相符合甚至于完全崭新的形象的心理过程，想象力是智力发展的一个极重要方面，是人类所特有的，如同思维的翅膀。想象力是创造的助产婆，它像学习的海洋上空的强风，能把学习的海洋卷起滚滚波涛，孕育出朵朵绚丽多彩的浪花。没有知识，想象就会枯竭，学习就会停止。想象力包括无意想象、有意想象等。联想是一种典型的想象。想象力每人都有，但高低不同，想象力是可以开发的，开发想象力的三部曲是：有提高想象力的愿望和学习的需要；能抓住所遇到的问题。通过思考来达到开发。这三部曲的关键还在于养成勤于思考的习惯。

操作训练

1. 发挥想象训练

如果地球上没有了水会怎么样？2020年时，你和现在的老师和同学再次见面时，大家会是什么样？

50年以后我们的祖国将是怎么样的？

假如记忆可以移植将会发生什么？

描绘一下外星人的模样？

2. 故事接龙游戏

该游戏可由多个同学共同参与，以"在一次月考前夕……"为故事开头，接下来每位同学只讲一句，紧扣上一句的内容，直至把故事讲完整。

3. 想想为什么会这样？

一个工人进入冷肉库，不小心把库门锁上了，这时他发现自己忘了带钥匙，于是对寒冷的恐惧和求生的欲望使他拼命拍门大叫，手都拍出了血，可仍然没有谁听到他的呼救前来救援。他绝望了，对寒冷的恐惧使他吓得发抖。2个小时后，来接班的工人开门时发现他已经死了。实际上冷冻库的制冷系统因停电已有两天没有工作了，他是在常温下被"冻死"的。这个例子说明了什么呢？

4．动手做一做

画一幅表达静思的图。

听听"快乐老家"这首歌，想想快乐老家是什么样子的。你认为"O"代表什么？给你哪些启示？

5．如何提高想象力？

首先，扩大知识领域，丰富自己的技能经验。其次，要拓宽自己的视野，博览群书，丰富自己的语言，俗话说：读万卷书，行万里路。再次，养成想象的习惯，多参加创造活动，勇于探索。如音乐、美术、科技小制作比赛等，这些对想象力的培养大有益处。

训 练 指 导

教育目的

1．认识想象力的重要性。

2．发展学生创造想象能力。

主题分析

想象是思维的翅膀，每一项创造发明的诞生都离不开想象的巨大作用。当然，学生的学习也离不开想象。学生的想象力是在学习活动中不断发展的。通过有意识、有计划的想象力训练可以加速学生想象力的发展。因此，教师要根据中学生想象力发展的特点，努力营造一个轻松愉快的课堂气氛，使学生展开自己想象力的翅膀，在思想的领域中自由的飞翔，激发出更多具有创造性的思想观念。当然，学生想象力的培养不是一朝一夕或几节课就能完成的。因而，除心理课外，在语文、代数、几何、物理等其他学科的训练中也要有意识培养学生的想象力。

训练方法

实验法、训练法、游戏法。

训练建议

1. 教师要使学生深刻认识到丰富的想象力是提高学习成绩的重要前提条件之一。

2. 结合情感共鸣中的实验，教师可在课堂上组织学生进行其他词语的联想实验。

3. 教师可指导学生集体进行操作指导中的训练和游戏。

神奇的药

训练内容

　　同学们都知道爱迪生孵小鸡的故事吧，今天再给同学们讲个爱迪生小时候的故事。

　　爱迪生看见小鸟在天上飞来飞去，一会儿飞得高，一会儿飞得低，啊，小鸟多快乐呀！爱迪生想，小鸟能在天空飞来飞去，要是咱们人也能这样，一会儿飞过大河，一会飞过高山该多好啊！可是咱们人怎么才能上天空呢？他想了又想，怎么也想不出一个好办法来。

　　一天爱迪生看到一个氢气球在天上飘呀飘的，心想，是呀，气球肚子里装满了气，就飞上了天，要是咱人的肚子里也装满了气，不是也能飞上天吗？他想起来了，家里有一种药吃了以后，肚子里就会咕咕叫。他想，那准是气儿在肚子里翻泡泡啦！爱迪生想到这里，心里真有说不出的高兴。他从家里拿了药，飞快地跑到他的好朋友家里去了。

爱迪生对他的好朋友说："你想飞吗？我有办法让你飞上天去。"

他的好朋友不大相信："我身上没长翅膀，怎么能飞起来？"

爱迪生说："你要是把这药吃了，肚子里就会冒气儿，一冒气，人就像氢气球那样，忽悠忽悠朝天上飞去了。

他的朋友想，爱迪生知道的事情很多，总不会错，就试一试吧！他伸长脖子，咕嘟吐嘟把药吞了下去。

读读想想

1. 你喜欢爱迪生吗？为什么？

2. 你是不是也像爱迪生一样爱动脑筋想问题？

3. 爱迪生的好朋友飞上天了吗？不妨你给他想想飞上天的办法，好吗？

做做试试

请按下面的例子做以下作业：

例如：手套对于手相当于袜子对于＿＿＿＿＿＿＿。

A. 帽子　　B. 脚　　　C. 衣服　　D. 胳膊

这里正确的答案显然是b，因为，手套与手的关系类似于袜子与脚的关系。

1. 微笑对于愁眉犹如做假对于＿＿＿＿＿＿＿。

A. 发现　　B. 其实　　C. 大笑　　D. 差异

2. 老鼠对于哺乳动物相当于蚂蚁对于＿＿＿＿＿＿＿。

A. 昆虫　　B. 飞行　　C. 狮子　　D. 爬行

3. 房子对于基石犹如汽车对于＿＿＿＿＿＿＿。

A. 驾驶　　B. 事故　　C. 轮胎　　D. 交通

4. 火对于热犹如花对于_____。

A. 叶子　　　B. 花瓣　　　C. 香　　　D. 草

帮你出主意

在你平时的学习中，不仅要知道"是什么"，更重要的是知道"为什么"。在听课时，要使自己的思路与教师的讲解保持一致，努力发现各知识点之间的关系。在生活中，要注意把所学的知识联系起来，善于用所学知识来解释和解决实际问题。

请你记住：

多听多看多思考，脑子越用越灵巧。

附："做做试试。参考答案（1）B（2）A（3）C（4）C

训练指导

教育目的

训练学生的推理能力，提高其思维能力。

主题分析

推理是思维的三种基本形式之一（另两种是概念和判断）。事物都有其规律，人们在已有的概念、判断的基础上，推断出事物的本质或探索出所要找的答案，这就是推理。具有严密的、合乎逻辑的推理能力是一个人高思维力的标志，所以要培养学生的思维力，就不能忽视学生推理能力的训练和提高。在日常的学习生活中教师应创设一定的问题情境，让学生开动脑筋，根据已知的信息进行未知的判断，以训练学生的推理能力。

训练方法

启迪反思。

训练建议

1. 教师给学生讲述一些简单的推理知识，最好举例进行。

2. 教师给学生提供一些推理方面的问题让学生思考回答。

参考教案

训练目的

1. 让学生们懂得在平时的学习中，不仅知道"是什么"，更重要的是知道"为什么"。

2. 善于用所学知识来解释和解决实际问题。

训练重点、难点

在学习中知道"为什么"，能用所学知识来解释和解决实际问题。

教具准备

幻灯片。

训练时间：

1课时。

训练过程

导语：

同学们都知道爱迪生孵、鸡的故事吧，今天老师再给大家讲一个爱迪生小时候的故事："神奇的药"。

新授课

1. 听完了这个故事，你们喜欢爱迪生吗？为什么？

2. 你是不是也像爱迪生一样爱动脑筋想问题？

3. 爱迪生的好朋友飞上天了吗？

4. 你能给爱迪生想一个飞上天的办法吗？

同学们想的办法都很好，所以我们在以后的学习中不仅要知道"是什么"，而且要知道"为什么"，要学会用所学的知识解决实际问题。下面我们要看几道选择题，并请你说出为什么这么选。

（1）微笑对于愁眉犹如做假对于_____。

A. 发现　　B. 其实　　C. 大笑　　D. 差异

（2）老鼠对于哺乳动物相当于蚂蚁对于_____。

A. 昆虫　　B. 飞行　　C. 狮子　　D. 爬行

（3）房子对于基石犹如汽车对于_____。

A. 驾驶　　B. 事故　　C. 轮胎　　D. 交通

（4）火对于热犹如花对于_____。

A. 叶子　　B. 花瓣　　C. 香　　　D. 草

同学们，你们学的知识越来越多，希望你们运用自己的知识解决实际生活中遇到的问题，多听多看多思考，老师相信，你们的脑子会越用越灵巧，越用越聪明。

四件宝

一天，陈英无精打采地去找她的班主任张老师，提起张老师，同学们都说："张老师是我们的好老师！"

张老师看到陈英一脸不高兴的样子，亲切地抚摸着她的头说："你是不是遇到困难啦？"陈英点点头说："我的学习成绩老不及格，觉得自己的脑瓜笨，不如别人聪明，多泄劲呀！"

张老师摇摇头，微笑着说："你一点也不笨，人人都有四件宝，看你用好用不好！"陈英惊奇地瞪大眼睛，自言自语地说："我是班上的'差生'，还有什么'宝'呀！"张老师说："我出个谜语你猜猜'上边毛，下边毛，中间有颗黑葡萄'是什么？""哈，眼睛！""对！眼睛是一宝，要用它认真看书，写完作业检查几遍，老师的板书，演算都要看得清清楚楚……眼睛对学习帮助多大呀！我再出个谜语你猜猜'小白盒，住高楼，看不见，摸不着。'"

"我猜着了，是大脑!"张老师点点头："脑子是件宝，越用越灵巧。要善于用脑，遇到问题要多问一个为什么，多思出智慧!"

陈英的眼睛亮了起来，她对张老师说："另外两件宝我知道了，一个是耳朵，一个是嘴，对吗?"张老师说："你上课注意听讲，嘴可以回答问题，朗读课文，有不会的问题，就要问。你要是学会运用这四件宝，你就会变得聪明，功课就能学得好。"

读读想想

1. 你会运用你的"四件宝"吗?

2. 你是否善于用脑，你是怎样用脑的?

做做试试

1. 请你列举出红颜色都可做什么事物，如：红旗、红灯。

2. 请你说出用"吹"的方法可以做事或解决的问题，如：吹气球，吹灭蜡烛，吹口哨……

3. 请你说出怎样达到照明的目的，如：点蜡烛，开电灯。

4. 请你说出水的用途有哪些。

我的目标

懂得科学用脑，让思维更开阔。

你知道吗？有人买来一只鹦鹉，想让它学会说话，为图方便，录了音让它学。但后来，它没有学会讲人话，却学会了猫叫，这是怎么一回事呢？原来鹦鹉听录音，只听见声音，见不到人的嘴，于是学会了猫叫。这说明听和看一起活动，效果要比单听好。

只有各种感觉器官，目、鼻、手等，能听、能看、能说、能闻、能做，让它们一起活动起来，学习知识不仅学得快，而且记得牢。

请你记住：肯用脑，会用脑，多为祖国立功劳!

教育目的

训练学生的发散思维能力。

主题分析

发散思维是一种朝着许多不同的方向，寻找多种解决问题的方法和答案的思维。由于它的功能是求异，所以有时称这种思维为求异思维。它要求学生能摆脱别人的影响，不同于传统的或一般的答案和方式，提出与众不同的多方面的设想和见解，使思维具有独立性、首创性。如果一个学生是在学习过程中从来不敢发表一点与众不同的见解的学生，日后又会有什么创造呢？所以教师应鼓励并指导学生思考问题时敢于求异，不因循守旧，对他们任何一点别出心裁、标新立异的思维火花，都要热情赞扬，细心爱护，从而培养他们的思维能力。

训练方法

讲解法；训练法。

训练建议

1. 教师先向学生讲述发散思维及其意义。

2. 教师让学生进行发散思维训练，如：全班同学比一比看谁说出水的用途最多；达到照明目的的方法都有哪些；用"吹"的方法可以做的事或解决的问题都有哪些等等。

3. 鼓励学生在以后的学习中不要满足已有的答案，要多想多思考。

参考教案

训练目的

使学生懂得科学用脑，让思维更开阔。

训练重点

使学生懂得科学用脑，训练思维。

训练方法

指导认知；训练。

教具准备

幻灯片。

训练时间

1课时。

训练过程

激趣导入

在讲课之前老师先给大家讲个故事，有人买来一只鹦鹉，想让它学会说话，为图方便，录了音让它学。但后来，它没有学会讲人话，却学会了猫叫，这是怎么一回事呢？原来鹦鹉听录音，只听见声音，见不到人嘴，于是学会了猫叫。这说明听和看一起活动，效果要比单听好。我们每个同学都有眼睛、耳朵、大脑，那么怎样运用才能更有利于学习呢？这节课我们就来学习《四件宝》。

新授

1. 读课文

思考："四件宝"指什么？

2. 学生自读课文

思考讨论：

（1）你会运用自己的"四件宝"吗？

（2）你是否善于用脑，你是怎样用脑的？

（3）讨论问题。

（4）根据学生回答，教师小结：只要我们肯用脑，会用脑，学习才学得快，学得扎实。

训练指导

1. 请你列举出红颜色都有哪些事物？

2. 请你说出用"吹"的方法可以做的事或解决的问题？

3. 请你说出水的用途都有哪些？学生开动脑筋自由讨论回答。

总结

我们只有充分利用感觉器官，目、鼻、手等，能看、能听、能说、能做，让它们一起活动起来。学习知识不仅学得快，而且记得牢，更要记住，肯用脑，会用脑，才能更聪明，功课才能学得更好。

讨论学习法

训 练 内 容

在生活和学习中，你有过这样的体会吗，那就是经过与别人讨论过的问题记得特别清楚。这是为什么呢？因为在讨论的过程中，大家都要积极、活跃地思考，从而加深了对所讨论问题的印象，增强了记忆，同时，有些不易搞清楚的疑难问题，通过讨论也许可以找到意想不到的好办法。常言说："三个臭皮匠，顶个诸葛亮。"

美国北部，暴风雪时常把高压干线压断，造成重大损失。这可急坏了美国通用电力公司的老总。为了解决这一问题，公司特意召开了工程智慧讨论会，以期通过大家集思广益迅速找到解决问题的最佳方案。围绕这一问题，公司鼓励专家们畅所欲言。有人提议沿线加置加温装置以消融积雪，这是常规的想法。有人则提议安装振荡器，抖掉线路上的积雪。主持人继续鼓励大家想出绝招。有人幽默地提出："最简便的莫过于用大扫帚沿线清扫一回。"有人则马上接过话题："那得把上帝雇来罗。"这些怪念头和俏皮话，却激励了一位参加者的思想火花："啊哈！上帝拖着扫帚来回跑，真妙！我们开架直升飞机不就行了吗？"是的，飞机的速度和风力足以迅速地吹掉高压线的积雪，最后，电力公司采纳了这一方案，实践证明它是行之有效的。

读读想想

1. 美国通用电力公司用什么方法找到解决暴风雪压断高压干线这一问题的？你从中受到什么启发？

2. 你有没有过在别人的提醒或建议下找到解决问题的办法？

3. 你曾经帮助过别人找到解决某一难题的办法吗？如果有，把事情的经过说出来好吗？

4. 你善于和别人一起讨论问题吗？

做做试试

这里有两个问题需要你做出回答，如果你想不出问题的答案，请你和同学们讨论，相信通过讨论你们定会找到问题的正确答案。

1. 全校语文竞赛，A、B、C、D、E五位同学得到前五名，他们五人预测名次的谈话如下：

A说：B是第三，C是第五

B说：D是第二，E是第四

C说：A是第一，B是第二

E说：D是第二，A是第三

公布结果时，发现每人的预测都只对了一半，那么他们实际名次是什么？

2. A、B、C、D是四个数学竞赛的优胜者。当问谁是第一名时，A说："不是我。"B说："是D。"C说："是B。"D说："不是我。"现知道其中只有一人的话符合实际，问第一名是谁？

我的目标

学会与人讨论，从中受到启发，锻炼自己的思维能力，使自己越来越聪明。

帮你出主意

1. 当你遇到一个问题，想了好长时间还是想不出来，不妨和同学们讨论，这样你会很快找到问题的答案的。

2. 当你记一些知识时，觉得记起来很费劲，这时可以和同学们讨论一下，这样你就会很轻松地记住所要记的东西。

请你记住：讨论学习是个宝，合作学习很重要。

训练指导

教育目的

培养学生在思考问题时集思广益、锻炼自己的思维能力。

主题分析

大部分的发明创造，都是许多人合作努力的结果，甚至是几代人成果的不断积累。因此，要教育学生在思考问题时能够集思广益，吸取别人的思想精华，学会合作。

训练方法

训练法；讲解法。

训练建议

1. 结合美国通用电力公司解决问题的方式，向学生讲解合作的重要性。

2. 向学生们讲述一些集思广益解决问题的小故事，加强学生对这方面的认知。

3．提出几个问题，让学生分组讨论，集体解决。

参考教案

训练目的

学会与人讨论，从中受到启发，锻炼自己的思维能力。

训练重点、难点

学会与人讨论，学会合作学习。

训练难点

学会合作学习。

训练过程

导入新课

在我们的生活和学习中，经常通过一番讨论才能找到一个最佳办法来，常言道："三个臭皮匠，顶个诸葛亮。"这节课我们就来学习这种方法。

板书课题：讨论学习法

新授

1．给同学们讲一个故事，希望同学们注意听。

（1）你有没有过在别人提醒或建议下找到解决问题的办法呢？

（2）你曾经帮助过别人找到解决某一难题的办法吗？如果有，请你把事情的经过说出来好吗？

教师小结：通过讨论这种方法，可以集思广益，使人受到很大启发。

2．做做试试

这里有两个问题需要你做出回答，如果想不出问题的答案，请你和同学讨论，相信你通过讨论会很快找出答案。（"做做试试"）

教师小结

谁愿意说说你通过这次讨论，懂得了什么道理？

通过讨论，可以发展思维能力，可以使我们越来越聪明。

3．我的目标

那么在你以后的学习生活中，你如何来发展思维，让自己变得更聪明呢？（学会与人讨论，学会合作学习，从中受到启发，锻炼自己的思维能力，使自己更聪明）

教师总结，帮你出主意

1．当你遇到一个问题，想了好长时间还想不出来，不妨就和同学们讨论，这样你会很快找到问题的答案的。

2．当你记一些知识时，觉得记起来很费劲，这时可以和同学们讨论一下，这样你就会很轻松地记住所要记的东西。

词语对接比赛

训练 内容

同学们都盼着星期五下午的到来。因为班主任王老师告诉他们，星期五下午他们班要举行一次有意义的活动，那就是词语对接比赛。

星期五下午终于盼到了，同学们坐在教室里，个个都兴高采烈，做好了充分的准备。这时，班主任王老师走进了教室。同学们望着王老师更显得激动不已。王老师看着同学们的高兴劲，微笑着说："同学们，今天下午我们要进行一次词语对接比赛的游戏，看看谁反应得最快，大脑最灵活，最敏捷。在活动之前，我先把游戏的规则说一下：同学们分为两大组，一组的同学说一个词语后，另一组的同学以最快的速度接下去，两组交替进行。要求是后一词语的前一个字与前一个词语的后一个字相同或者谐音。两词中间停留时间不得超过1分钟，哪一组接不下去，就判为输，另一组就获胜。同学们听明白了吗？"同学们异口同声地说："听明白了。"接下来，同学们按学号的单双号分成两组，一组为甲组，另一组为乙组。两组的同学们都做好了应战的准备。王老师用抛硬币的方法定哪一组先说。随着"嘟嘟"响声的停止，硬币反面向上。按事先的规定，乙组同学先说。这时乙组的同学可高兴了，只听乙组的张军流利地说："国家"，甲组的王静迅速地说："家庭"，乙组的朱玲接着说："庭院"，甲组的陈红双说："院子"，就这样一个个词语飞快地连接着……

读读想想

1. 这项活动有趣吗？趣味在哪里？

2. 你有没有参加过类似的活动？如果参加过，请把它说出来。

做做试试

1. 算24点。任意抽出四张扑克牌，如2、5、5、7，用加、减、乘、除的方法，将四张牌上的数字通过运算得出"24"的结果，如（5-3）×（5+7）。比一比谁算得快。

2. 报余数。用一副扑克牌，快速地一张张翻开来，每翻一张，报出它除以3以后的数。如抽出"9"即报0。要求既快又准。

我的目标

努力锻炼自己思维的灵活性，做到思维敏捷，反应迅速。

帮你出主意

学习一段时间后，感觉头昏脑涨，注意力不集中，这时怎么办呢？

你可以停下笔或放下书做浴面操，这样可大大改善脑部血流量，使大脑清晰，效率提高。

浴面操具体做法：两手掌掩住面部片刻，此时全身放松，大脑入静，接着两中指并拢沿着头的中线与双掌一起上移按摩，到头顶后再下移至头颈，然后再上移。如此循环反复十八次，恢复开始姿势；第二节是两中指并拢沿着鼻子与双掌一起下移到头颈，再上移到头顶，然后下移，如此循环反复也是十八次。

请你记住：学会健脑，思维活跃，记忆灵巧。

训练指导

教育目的

训练学生思维的流畅性，提高学生创造思维能力。

主题分析

一般来说，创造力高的人，智力活动少阻滞、多流畅，能在短时间内表达出数量较多的观念，亦即反应迅速而众多。思维的流畅性是创造性思维的行为特征之一，为开发学生的创造潜能，对学生进行思维流畅性训练是很有必要的。在众多思维流畅性训练方法中，自由回忆被认为是测量和训练流畅能力最常用的方法，正如教材中接成语活动，来训练流畅性。思维的流畅性是创造思维的基础，因为一个人只有思维流畅，才能变通，才可能在变通中创造出异乎寻常的独特的观念，因而，必须把训练学生思维的流畅性放在创造思维训练的首位。

训练方法

游戏活动。

训练建议

1. 教师组织学生进行接成语比赛，比赛前制订规则，使活动有秩序地进行。

2. 比赛结束后组织学生讨论教材中的问题，教师给予小结。

参考教案

训练目的

引导学生努力锻炼自己思维的灵活性，做到思维敏捷，反应迅速。

训练重点

引导学生努力锻炼自己的思维。

教具准备

幻灯片。

训练时间

1课时。

训练过程

导入新课

1. 导语：同学们，你们想知道自己思维快慢吗？想知道思维对记忆有什么作用吗？今天在这里我们就来共同探讨一下怎样锻炼思维。

2. 板书课题：词语对接比赛。

新授课

（一）创设情境，产生共鸣

1. 读教材内容。

2. 出示思考题。

（1）这项活动有趣吗？趣味在哪里？

（2）你有没有参加过别的类似这样的活动？如果参加过，请把它说出来。

3．思考讨论。

4．让学生说出自己参加的类似活动。

（二）问题质疑，提高认知

过渡：那么，这种活动锻炼我们什么呢？下面我们再来看两个游戏，或许我们能从中受到一些启发。

1．做游戏：①算24点；②报余数。

2．提问：看过这两个游戏之后，你认为谁的反应快？为什么？这说明什么？

3．让学生谈启发，感受。

4．教师板书：思维灵活，反应迅速。

（三）以知导行，知行并重

1．分组讨论：学习一段时间后，感觉头昏脑涨，注意力不集中，这时怎么办呢？

2．用幻灯片显示讨论结果。

3．做浴面操。

总结

1．这节课我们学习了什么？知道了什么？

2．教师小结：我们知道了如何锻炼自己思维的灵活性，那么从今天开始大家就应记住：学会健脑，思维活跃，记忆灵巧，愿大家变得越来越聪明。

异想天开

训 练 内 容

有年秋天，妈妈领我去果园里摘果子，我坐在梨树下，边吃梨边问妈妈："这树是怎么长的?"妈妈边摘果子边说："是种子种在地里长的。"我说："种在哪儿都长吗?"妈妈说："种上就长，种子可有劲了。"我偷偷地吃了几粒梨种子，想让它在心里长棵果树，让它开花结果，走到哪里带到哪里。

还有一次，我问奶奶："天是不是一个很大的气球，把我们都包在里面了?"奶奶边缠线团边不耐烦地说："是个气球。"于是，我开始生天的气了！为什么天把我们包在里面呢?我找了几根细杆，用布条子连扎起来，站在小凳子上，想把天捅漏。晚上，天下雨了。我悄悄地告诉妈妈："天，是我捅漏的。"

我还有一个想法，这是非常遥远的记忆啦！也许是从刚会说话的时候，我每天晚上都哭叫着要看星星，于是，爸爸和妈妈晚上总要抱我去外面看星星，不论冬夏春秋，那繁星密布的夜空真美丽！有时天气阴沉，我也要闹着看星星。看后，我才相信没有。但也仍然嗲声嗲气地问爸爸："为什么没有星星呢？"爸爸说："云给遮住了。"我说："那你去把云扯下来呀！"爸爸笑着说："从哪上天呢？我说："从山顶上。"

读读想想

1. 课文中的"我"天真吗？是不是那些想法太可笑了？为什么？

2. 你听说过大发明家爱迪生孵小鸡的故事吧，文中的"我"与爱迪生的共同之处是什么？

3. 你经常有奇特的想法吗？这些想法是什么？

做做试试

1. 请你绘出五十年后的交通工具的草图。

2. 想想二十年后自己的模样。

3. 假如世上没有路，人们的生活会怎样。

4. 空余时间，常闭目尽情想象。

爱因斯坦告诉你

当人们问及爱因斯坦这位大物理学家的实验室在什么地方时，他会顺便拿出钢笔敲一敲脑袋说："在这儿。"的确，他对科学所做出的最卓越的贡献并不是物理实验的产物，而是在他脑子里所进行的思维实验的结果。在头脑里进行实验，是爱因斯坦偏爱的研究方法。他曾经说过："想象才能对我来说，比吸收知识具有更大的意义。"

训 练 指 导

教育目的

训练学生的想象力，提高其创造力。

主题分析

想象力是创造能力诸要素中最重要的因素之一，想象力是一种能动的思维能力，它是人类区别于动物的独有天赋和才能。它凭借形象思维和抽象思维，对头脑中已接收和贮存的各种信息、素材进行加工制作，重新排列组合，创造出来未曾感知过甚至从未存在过的事物形象的心理过程。因此，它是创造发明所必需的一种思维能力。德国哲学家康德认为，想象力是一种创造性的认识功能，它能从真正的自然界里创造出另一个抽象的自然界，因而，为了培养学生的创造力，就应重视想象力的培养。

训练方法

讲解与训练。

训练建议

1. 教师向学生讲解创造过程中想象的重要作用。

2. 让学生思考自己是否富于想象，并讨论训练想象的方法。

参考教案

训练目的

1. 引导学生了解想象的作用。

2. 培养学生的想象能力。

重点难点

引导学生培养自己想象的思维品质。

训练教具

幻灯片。

训练时间

1课时。

训练过程

导入新课

每个人都爱做梦，梦中的自己、梦中的事情是那样的天真甚至是可笑，但是你们可知道，这些看似幼稚的想法却具有意想不到的作用，这节课我们就来学习《异想天开》。

创设情境、产生共鸣

1. 听录音。

2. 出示思考题，思考：

（1）课文中的"我"天真吗？是不是那些想法太可笑了？为什么？

（2）你听说过大发明家爱迪生孵小鸡的故事吧，文中的"我"与爱迪生的共同之处是什么？

（3）你经常有奇特的想法吗？这些想法是什么？

设想、提高认知

内容："做做试试"。

以知促行

当你知道想象的巨大作用后，你该怎样做？让学生说一说自己以后的行动。

总结

同学们，爱因斯坦曾经说过："想象才能对我来说，比吸收知识具有更大的意义。"让我们都插上想象的翅膀，并向着想象的目标努力吧！

防毒面具

同学们都知道防毒面具吧，你们知道防毒面具是怎样发明出来的吗？说到防毒面具的发明，有这样的经历。

在第一次世界大战中，德国连队在伊布尔与英法联军作战，德军使用了所谓的秘密武器——毒气。毒气使联军的许多士兵丧失了性命，没死的士兵逃的逃，伤的伤，阵地上乱作一团，联军不战自溃了。

战斗结束后，英法联军意外地发现野猪却安然无恙。这一现象引起了化学家费里特的极大兴趣，他带领助手来到野外，在野猪跟前放氯气。野猪嗅到刺激味后，迅速把鼻子拱进土里，结果仍旧没有中毒。

费里特由此发现松软的土壤可以吸附和过滤毒气。什么东西吸收能力最强呢？做了多次实验，木炭不仅能够吸收气体，而且因为它有多孔的结构，还能够使新鲜空气畅通无阻。费里特凭着他的博学，经过多次实验，很快研究出一种防毒效能很高的"活性炭"来，他又仿照猪嘴形状制成了防毒面具。

后来，在战争中部分士兵装备了防毒面具，果真有效，再也不怕毒气的袭击了。从此以后，防毒面具作为一种防御性的常备武器而沿用至今。

读读想想

1. 防毒面具是根据什么制造出来的？二者的相似之处在哪里？

2. 你从发明防毒面具的过程中受到什么启发？

3. 在生活中你还知道哪些东西是和防毒面具的发明相类似的原理发明出来的？

做做试试

1. 仿照自然界的生物的特点，自己设计一个小模型。

2. 仿照现有物体的形状，自己搞一个小发明创造。

3. 课余时间读一些关于仿生学方面的书。

我的目标

热爱大自然，观察和思考大自然，做生活的有心人，从生活中受到启发，成为一个小发明家。

教师的话

你想在创造的蓝天中自由飞翔吗？那就请你努力学习掌握更多的科学文化知识，深入实际生活，并了解科学的创造方法，如：仿生法和仿形法。所谓仿生仿形创造就是仿照一些生物的特性或者事物的原理进行加工改造，创造出新事物的一种方法。比如：课文中防毒面具的发明。除此之外，锯的发明是鲁班受到小草边刺的启发；飞机是根据鸟飞翔的原理而制成。还有许多的事物都是发明者在生活中由某一现象受到启发而发明的。

同学们，只要不断努力，你的创造潜力就会得以巨大开发，成为一名爱迪生式的学生。

训 练 指 导

教育目的

让学生知道利用仿生进行创造发明，提高学生的创造力。

主题分析

在众多的发明创造中，有不少是利用仿生学原理实现的，仿生创造就是模仿自然界的一些生物特性，通过主体的分析、类比，发现事物间的共同点。相似点，从而创造出新的事物。仿形、仿生虽然是以某种自然物或人造物的形状，结构或功能为类比对象，但类比创造的结果，已经远远地超过了自然物本身的特点或特长，具有全新的功能。仿生创造也许是科学中最有效，最简便的方法，也是应用研究中运用最多的方法。

训练方法

思考与训练。

训练建议

1. 教师向学生讲解什么是仿生创造，结合实例进行。

2. 教师可定期举办仿生创造展览，对学生的"杰作"给予表扬和奖励。

3. 让学生仔细思考并完成课后问题。

参 考 教 案

训练目的

教导学生热爱大自然，学会观察和思考大自然，从生活中受到启发，会利用大自然的生物，成为一个小发明家。

训练重点

让学生知道思考和观察对创造起着重要作用。

训练难点

如何运用这篇文章来启发学生多观察，多思考，利用大自然当一个发明家。

训练过程

导入新课

1．导语：同学们，不知道你们听没听说过防毒面具的来历？说起防毒面具有一段故事，老师要讲给大家听。

2．讲述防毒面具的来历。

3．板书课题。

过渡语：故事大家已经听完了，为了检验同学们是否认真听了这个故事，老师要提出几个问题，找几名同学来回答。

思考问题

1．防毒面具根据什么制造出来的？二者相似之处在哪里？你从这个发明中受到了什么启发？

2．在生活中你还知道哪些东西是和防毒面具的发明相类似的原理发明出来的？

教师小结

1．我们要热爱大自然，观察和思考大自然，从生活中受到启发，成为一个小发明家。

2．通过同学们对这节课的学习，谁能给同学们举一些关于科学家们通过对生活中的生物的观察和动脑筋思考而制造出来的科

研成果？（小组讨论）

3. 教师总结：你想在蓝天中自由飞翔吗？那就请你努力学习，掌握更多的科学文化知识，深入实际生活，并了解科学的创造方法，如：仿生法和仿形法。所谓仿生仿形创造就是仿照一些生物的特性或者事物的原理进行加工改造，创造出新事物的一种方法。比如：课文中防毒面具根据野猪防毒的原理发明而来。除此之外，锯的发明是鲁班受到毛草边刺的启发，飞机是根据小鸟飞翔的原理而制成。还有许多的事物都是发明者在生活中由某一现象受到启发而发明的。

同学们，只要不断努力，你的创造潜力就会得以巨大开发，成为一名爱迪生式的学生。

做做试试

1，仿照自然界生物的特点，自己设计一个小模型。

2. 仿照现有物体的形状，自己搞一个小发明创造。

3. 课余时间读一些关于仿生学方面的书。

组合的妙用

同学们都经常使用橡皮铅笔，可你们知道橡皮铅笔的来历吗？橡皮铅笔还有发明专利呢！

画家海曼是一个粗粗拉拉的人，在绘画时，经常把橡皮随处放，由于他放橡皮没有一个固定的地方，所以想用时却不知道在哪里，有时因橡皮埋在纸里而无法找到，可把他急坏了。"唉，真讨厌！"他时常为自己粗粗拉拉而苦恼。无耐，他只好将橡皮拴在铅笔后端，这样一来，只要手中握着铅笔便不会把橡皮丢掉，什么时候都有橡皮可供使用。

有一天，海曼的一位朋友去拜访他。这位朋友看到拴有橡皮的铅笔，心里一想，"嗯，这玩意能成"，于是他就把橡皮和铅笔固定在一起，设计了带橡皮的铅笔，并申请了专利。

带橡皮铅笔为同学们的学习带来了很大方便。

也许同学们看了橡皮铅笔的发明经过，觉得发明创造并不难。其实，发明创造也真的不是那么神秘。只要在前人的基础上进行改造、创新，这便是发明创造。

读读想想

1. 海曼把橡皮和铅笔拴在了一起，但没有发明出橡皮铅笔，而是他的朋友发明了，这是为什么呢？

2. 海曼的朋友是通过什么方法发明了带橡皮铅笔？

3. 你从橡皮铅笔的发明中受到什么启发？

4. 除课文中的例外，你还能举出多少种由组合法发明的物品？

做做试试

1. 这里有两个圆，两个三角形和两条直线，它们大小和长短不同，请你用它们组成一些有意义的图形，看看你最多组成多少个图形来。

2. 请你用六个正三角形，拼出十种面积相等，形状不同的图形。

3. 课余时间，请你把几个日用品组合起来，看看可以变成多少样不同的东西。

我的目标

什么是粘合创造法？

在创造活动中，有许多科学的方法可以帮助我们进行一些发明创造。其中粘合法就是一种有效的方法。粘合法又叫组合法，它是利用现有的几种物体，根据它们之间的关系，为满足人们的需要，把这些东西恰当地组合在一起，构成一种新的事物。这种方法就是粘合法。例如：收录机就是收音机和录音机的组合体；摩托车就是自行车和发动机的组合体；还有传说中的美人鱼就是人和鱼的组合体，像这样的创造还有很多种。

同学们，请开动脑筋，也许你的小发明也会获得专利呢！

训练指导

教育目的

让学生认识粘合创造法，培养其创造力。

主题分析

一位曾完成多项发明的科学家范奇曾说："所谓创造，不过是已有要素的重新组合，所谓创造性，乃是进行这种组合的能力。"大科学家爱因斯坦也说："组合作用似乎是创造思维的本质特征。"粘合或组合是把客观事物中从未结合过的属性、特征，部分在头脑中结合在一起而形成新的形象。通过这种组合，人们创造了许多童话、神话中的形象。如美人鱼、猪八戒、飞马等，也创造发明出许许多多的新产品，来满足人们的需要，如水陆两用坦克，带橡皮的铅笔等等。

训练方法

讲解与训练。

训练建议

1. 教师结合课文中的实例向学生讲解组合创造法。

2. 让学生举出由组合法创造发明的物品，越多越好，通过举例使学生加深对组合创造法的认识，并从中受到启发。

参考教案

训练目的

让学生学会粘合创造法。

训练重点

让学生知道观察事物对创造起着重要的作用。

训练难点

如何在现有的基础上进行改造、创新。

训练时间

1课时。

训练过程

导语：

同学们，我们都用过和见过那种后面带橡皮的铅笔，可你们知道后面带橡皮铅笔的来历吗？我们这节课就讲：《组合的妙用》（板书）。

引入新课

1. 把这篇文章当故事讲述给学生。

2. 在讲述过程中，让学生边听边思考问题。

3. 提出问题。

（1）海曼把橡皮和铅笔连在一起但没有发明橡皮铅笔，而是他的朋友发明了，这是为什么？海曼把橡皮和铅笔连在一起，是为了方便自己，让铅笔和橡皮在一起，橡皮就不会找不到了，但他并没有认真观察和思考，也没向这方面想把它们粘在一起，让它们固定上，而他的朋友观察到了这点，在原有的基础上进行改造和创新，通过对这个问题的理解，我们来思考下一个问题。

（2）海曼的朋友是通过什么方法发明了带橡皮铅笔？海曼的朋友是通过粘合创造法发明了带橡皮铅笔。在创造活动中，有许多科学的方法可以帮助我们进行一些发明创造。其中粘合法就是一个有效的方法，粘合法又叫组合法，它是利用现有的几种物体，根据它们之间的关系，为满足人们的需要，把这些东西恰当地组合在一起，构成一种新的事物，这种方法就是粘合法。

（6）你从橡皮铅笔的发明中受到什么启发？

同学们看了橡皮铅笔的发明经过，觉得发明创造并不难。其实，发明创造真的不是那么神秘，只要在前人基础上进行改造、创新，这便是发明创造。

（7）除课文中的例子外，你还能举出多少由组合法发明的物品？

例如：收录机就是收音机和录音机的组合体，摩托车就是自行车和发动机的组合体等。

教师总结

我们，通过对粘合创造法的学习，我们得出了一个结论，只要同学们认真观察多动脑筋，我们也会在原有的基础上改造出或创造出新的事物，也可以当一个发明家。

做做试试

1. 这里有两个圆、两个三角形和两条直线，它们大小和长短不同，请你用它们组成一些有意义的图形，看看你最多组成多少个图形来。

2. 请你用六个正三角形，拼出十种面积相等，形状不同的图形。

3. 课余时间，请你把几个日用品组合起来，看看可以变成多少样不同的东西。

逆向思考的重要性

大家都知道什么是逆向思考吗？

其实，逆向思考就是反方向思考，也就是说这种思考是取和通常认为理所当然本该如此的想法完全相反的方向去思考，以寻求全新的结局。

说到逆向思考，这里有一个实例告诉大家。

日本夏普电机公司发明了一种将冷冻室置于冰箱下部的新型冰箱。普通的电冰箱一般都是将冷冻室安装在冰箱的上部，因为常识告诉人们，冷空气比重大些，自然会由上往下沉，因此，理所当然冷冻室要设计在冰箱的上部。但是，把冷冻室安置在最便于食品进入的高度，大大地影响了电冰箱的使用效率。于是夏普公司的设计人员大胆地进行逆向思考："把冷冻室设置在电冰箱的最下部，情况会怎么样呢？"循着这样的反向思路，再解决了冷空气沉在下面上不去的问题，比如用小风扇或管道连接的办法来克服。这样，新型的高效的电冰箱就问世了。

看了这个实例，同学们对什么是逆向思考就更明白了吧。逆向思考在我们的生活中对于解决一些疑难问题，进行创造发明都是非常重要的。

读读想想

1. 什么是逆向思考法？其优点在哪里？

2. 你从新型电冰箱的发明过程中受到什么启示？

3. 在你的生活中，使用过逆向思考法吗？结果怎样？

做做试试

1. 现在要把一整块大石头运到河对岸，可由于船舱太小，怎么办呢？请你想出一个办法解决这一问题。

2. 大家都知道暖气片大都装在房间的下部，这样占用了室内不少空间。请你用逆向思考法，合理解决这一问题。

3. 要想使一个人漫步在原始森林，欣赏自然景观，又不会遭到野兽伤害，怎么办？

我的目标

学会逆向思考，推推不成，拉拉看，解决生活小疑难。

老师的话

同学们，在学习和生活的过程中，要学会从不同方向思考问题。在解决疑难问题过程中，遇到困难，思路卡壳，沿着一个方向不能进行时，就应该进行调整，把原来的顺序变换一下试试看看。例如，你想去拜访一位要好的同学，可由于某种原因，你想来想去也没有办法去找他。这时该怎么办呢？可否让同学来找你呢？"去"不成，就让"来"。

教育目的

学会逆向思维。

主题分析

逆向思维相对于我们日常所说的顺向思维。我们在日常生活中形成了许多思维定势，习惯于向某个方向思考问题，这样就造成了思维惰性，遇到一些新问题时不知所措。逆向思维则打破思维定势，换一个角度考虑问题，如我们平时的"脑筋急转弯"就是逆向思维，在日常生活中，我们也常常会遇到用逆向思维成功解决问题的事例。一个人如果能经常利用逆向思维，则会开拓思路，解决不少"疑难问题"。

训练方法

讲述法、榜样示范法、故事法、练习法。

训练建议

1. 教师讲授什么是逆向思维，及名人故事。

2. 分析故事中的主人公如何采用逆向思维。

3. 用一些脑筋急转弯的问题练习逆向思维。

参 考 教 案

训练目的

学会逆向思考，解决生活中的小疑难。

训练重点

学会不同角度去思考问题，解决难题。

训练难点

如何灵活的运用逆向思考来进行创造。

训练时间

1课时。

训练过程

导入新课

1. 导语：不知同学们听没听说过逆向思考这个词，那什么叫逆向思考呢？这节我们就来讲《逆向思考的重要性》。（板书）。

2. 逆向思考的概念。

其实，逆向思考就是反方向思考，也就是说这种思考是与通常认为理所当然的想法完全相反的方向去思考，以寻求全新的结局。说到逆向思考，这里有一个实例告诉大家。

新授课

现在，我给大家讲一个小故事，在我讲故事的时候，大家要认真听讲，动脑思考，因为我讲完故事后要有很多的问题需要大家回答。

思考题：

1. 什么是逆向思考法？其优点在哪里？

逆向思考就是反方向思考，也就是说这种思考是与通常认为理所当然的想法完全相反的方向去思考，逆向思考在我们的生活中对于解决一些疑难问题，进行创造发明都是非常重要的。

2. 你从新型电冰箱的发明过程中受到什么启示？

在学习和生活中，要学会从不同角度去思考问题，在解决疑难问题过程中，遇到困难，思路卡壳，沿着一个方向不能进行时，就应该进行调整，把原来的顺序变换一下试试看看。

3. 在你的生活中，使用过逆向思考法吗？结果怎样？

使用过逆向思考法。有一次，我想去拜访一位要好的同学，可由于某种原因，我想来想去也没有办法去找他。后来我用了逆向思考法来解决了这个问题，我让我的那个同学来找我，这样就会解决了。

教师总结

通过这节课的学习，我们学会了什么叫逆向思考法，也学会了如何来运用逆向思考法，逆向思考法在我们的生活中对于解决一些疑难问题，对一些发明创造都起着很重要的作用。

做做试试

1. 现在要把一整块大石头运到河对岸，可由于船舱太小，怎么办呢？请你想出一个办法解决这一问题。

2. 大家都知道暖气片大都装在房间的下部，这样占用了室内不少空间。请你用逆向思考法，合理解决这一问题。

3. 要想使一个人漫步在原始森林，欣赏自然景观，又不会遭到野兽伤害，怎么办？

墨水的味道

情感共鸣

陈毅元帅自幼好学，酷爱读书。他看起书来，有时废寝忘食，达到入神入迷的程度。

有一次，陈毅到一位亲戚家去过中秋节。进门后，他意外地发现了一本自己渴求已久的好书，于是便不顾几十里路途跋涉的疲劳，一头扎进一间空屋子里，兴致勃勃地读起来，一边读还一边做笔记。亲戚几次催他吃饭，他都舍不得放下。后来，亲戚只好把蒸好的糍粑和糖给他端到了书桌上。糍粑本该是蘸着糖吃，谁知陈毅的注意力全集中到书上去了，竟然把糍粑伸到砚台里蘸上墨汁往嘴里送。过了一会儿，亲戚给他端面条来，见他满嘴都是墨，大吃一惊，不由自主地"啊"了一声。这下子，把外屋的人全引进来了，大家一看陈毅那滑稽的样子，都忍不住捧腹大笑起来。陈毅明白了是怎么回事之后，诙谐地说："喝点墨水没关系，我正觉得肚子里墨水太少呢！"

认知理解

语言思维是人的语言表达能力与综合思维的关系，是通过形象，而且联想的模式，并伴有语感的形式。是用语言承载和表现思维的过程；语言，只是结果，语言思维则是过程。语言思维，是用来描述思维服务的，是过程，也是表象。语言来表现思维，思维决定语言。

语言表达能力是现代人才必备的基本素质之一。在现代社会，由于经济的迅猛发展，人们之间的交往日益频繁，语言表达能力的重要性也日益增强，好口才越来越被认为是现代人所应具有的必备能力。

总之，语言能力是我们提高素质、开发潜力的主要途径，是我们驾驭人生、改造生活、追求事业成功的无价之宝，是通往成功之路的必要途径。

注意力是指人的心理活动指向和集中于某种事物的能力。注意从始至终贯穿于整个心理过程，只有先注意到一定事物，才可能进一步去集训、记忆和思考。注意包括被动注意（又称不随意注意）和主动注意（又称随意注意）。注意力是智力的五个基本因素之一，是记忆力、观察力、想象力、思维力的准备状态，所以注意力被人们称为心灵的门户。由于注意，人们才能集中精力去清晰地感知一定的事物，深入地思考一定的问题，而不被其他事物所干扰；没有注意，人们的各种智力因素，观察、记忆、想象、和思维等将得不到一定的支持而失去控制。

操作训练

1．对一个结构简单的句子，通过加修饰成分，或通过加修辞手法使之具体生动起来以克服语言枯燥、表述乏味的毛病。

如：用三种以上的方法，使下面的句子逐渐丰满起来。

"她笑了"

扩展1：加修饰成分

她含着泪笑了。

扩展2：加修辞手法

她含着泪笑了，像一朵带露的玫瑰，像钻出云雾的月牙。

扩展3：加表现手法

她含着泪笑了，像一朵带露的玫瑰，像钻出云雾的月牙。花儿因她的笑变得更加灿烂，月儿因她的笑而变得更加娇媚。

（2）她哭了。

加修饰成分：

加修辞手法：

加表现手法：

（3）她成功了。

加修饰成分：

加修辞手法：

加表现手法：

2．阅读一篇自己喜欢的文章，用精炼、简短的语言讲述文章内容。

3．老师组织同学对一个话题进行辩论，让每个同学都有发言的机会，交流后，让同学们书写辩论后的体会。

4．设计这样一个场面，教师正在上课的时候，外面同时正在进行一场精彩的篮球比赛，这时我们可以看到同学们的表现各不相同。

训练指导

教育目的

1. 让同学运用思维能力，对简单的句子进行修饰，使同学认识到语言的丰富性。

2. 培养同学的语言能力。

3. 培养同学交流、沟通、讨论的语言能力。

4. 培养学生要明确做事的目的，增强做事情的目的性，以提高自身的注意力。

主题分析

美国医药学会的前会长大卫·奥门博士曾经说过，我们应该尽力培养出一种能力，让别人能够进入我们的脑海和心灵，能够在别人面前、在人群当中、在大众之前清晰地把自己的思想和意念传递给别人。在我们这样努力去做而不断进步时，便会发觉：真正的自我正在人们心目中塑造一种前所未有的形象，产生前所未有的震击。

总之，语言能力是我们提高素质、开发潜力的主要途径，是我们驾驭人生、改造生活、追求事业成功的无价之宝，是通往成功之路的必要途径。

训练方法

实际训练法；阅读法；讨论法；游戏法。

训练建议

1. 通过做习题使同学认识到使用思维能力进行语句修饰的重

要性。

2. 老师要注意同学对文章的表达能力和修辞能力。

3. 做辩论的时候，老师要安排好每个同学的角色，选材的时候要有一定的针对性。

4. 通过实验，理解提高注意力的重要性。

两张戏票

情感共鸣

著名作家萧伯纳和丘吉尔都是十九世纪英国很有影响力的人物。二人交往较深，又都有几分傲气，因而见面后免不了打嘴仗，即便是通信也是如此。萧伯纳的幽默以尖刻著称，对丘吉尔就更不藏其锋芒了。有一次，萧伯纳派人送两张戏票给丘吉尔，并附上短笺："亲爱的温斯顿爵士，奉上戏票两张，希望阁下能带一位朋友前来观看拙作《卖花女》的首场演出，假如阁下这样的人也有朋友的话。"萧伯纳的来信，奚落重于邀请，尤其是"这样的人"耐人寻味。丘吉尔看过信后，不甘示弱，马上写回条，予以反击："亲爱的萧伯纳先生，蒙赐戏票2张，谢谢！我和我的朋友因有约在先，不便分身前来观看《卖花女》的首场演出，但是我们一定会赶来观赏第二场演出，假如你的戏也会有第二场的话。"

丘吉尔的回信实在高明。他套用萧伯纳来信的语言形式，同样来了个假设"假如你的戏也会有第二场的话"。这句话才是丘吉尔复信的真实目的。其隐含的意思是：你这样低档次的演出，是不会有第二场的。丘吉尔用机智幽默的语言，还以"颜色"，巧妙地回击了萧伯纳的奚落，为后人留下了一段经典的幽默。

认知理解

话语是言语交际的产物。说出来的"话"或用文字写出来的"文本"（包括"文章"、"信"及其他形式的书面文本）以及聋哑人用手语打出来的手势组合体，都是"话语"。人们有时也称之为"言语作品""言语产品""言语结果""言语成果""言语产物"等。话语的最小单位是句子，句子以上的话语单位有句群、篇章等。

话语是形式和内容的结合体。话语的内容就是话语形式所表达的思想。话语形式部分主要是语言（语音、词汇、语法），这事一种现实的、具体的语言。此外，还有言语的修辞手法、言语的个人风格以及言语行为的其他个人特点。

思维是在表象或概念的基础上进行的认识客观事物、现象或时间的一种行为活动。通常人们所说的"想""思考""考虑""思索"，用科学术语概括，就是"思维"。我们认为人类的思维实际上有两种，即形象思维和抽象思维，这两种思维即可在显意识状态下进行，也可以在潜意识状态下进行，非灵感思维是在显意识状态下进行的思维，灵感思维是在潜意识状态下进行的思维。

操作训练

谐音故事：

和绅：纪侍郎，纪大人，这是何物？是狼（侍郎）是狗？

纪晓岚：和尚书和大人，这好办，看尾巴尖呀，下垂是狼，上竖（尚书）是狗，记住了，尚书是狗。

一旁御史：巧言舌辩！狼吃肉，狗吃粪，它吃肉，是狼（侍郎）是狗毫无疑问！

纪晓岚：狼性固然吃肉，狗也不是不吃，它是遇肉吃肉，遇屎（御史）吃屎，御史吃屎！

思考：

1. 从这个故事中，你得出了一个什么道理？

2. 这个故事中纪晓岚是怎样应对和珅和一旁御史的？你曾经遇到过类似的事情吗？可以和同学们分享一下吗？

2. 小王这个人为人热情大方，"不拘小节"但也有粗心马虎的特点。（改错）

3. 在20世纪90年代之前，中国的粮食进口量从没有（　　）供应量的5%，但是，随着畜牧业的发展，特别是工厂式畜牧业的（　　），商品饲料的需求量大为增加，这种状况会（　　）中国粮食自给的基础政策。填入括号中最恰当的一项是：

A. 达到、兴盛、动摇　　　B. 低于、扩大、冲击

C. 超过、兴起、挑战　　　D. 大于、扩充、违法

训练指导

教育目的

1. 提高同学们的思维语言能力。

2. 提高同学们的书面理解和表达能力。

3. 提高同学们的言语理解的正确性。

4. 提高同学们的言语表达的规范性、准确性、完整性。

主题分析

言语理解与表达能力，是一项综合性的实践能力，它要求同学们正确理解字、词、语句、段落、全文的含义，并准确地表达出来，所以同学们必须有较强的言语综合能力，才能在测验中立于不败之地。通过对近年来测验试题的分析，可以看到，在言语理解与表达测验中，共有四种题型，分别是：词语替换、选词填空、语句表达、阅读理解。同学们应根据自己的实际情况，有针对性地进行训练，以提高自己的应试水平。

训练方法

答题法；测试法。

训练建议

语言能力题是综合能力笔试题中出现概率非常高的一类考题。这种题型主要是考查同学们对词义的辨别分析能力。选词主要是一些同义词或近义词，从所给的几个词中找出一个和所给句子句意符合的词。填入空格的词，必须使句子看起来完整，句意表达清楚。关键点在于应试者，首先必须拥有大量的词汇储备，对常用词的词义、词的用法、词的结构、词的惯用句式应了如指掌。其次，同学们应将每个词和句意环境联系起来，即在句子中分析、理解词义，这样才能对词义把握得更准确一些。第三，应试者应加上自己的语感练习，可通过多读、多写来达到这个目的。选词填空题也是考查同学们因词义相同或相近而造成相互干扰的情况中对不同词汇的辨析能力。只不过因为缺少了句中的参考词汇，难度稍微大了一些。我们知道，"字不离词，词不离句"，一个词只有应用到具体的语言环境中，才具有确切的意义。换句话说，只有在具体的语言环境中，才能把一个词语理解得准确、具体、透彻。

提高语言能力的方法：（1）多听，是在与别人交流的时候多听别人的说话方式，从中学习其好的说话技巧，从而提高自己的语言表达能力，也是为多说做准备。（2）多读，是多读好书，培养好的阅读习惯，从书中汲取语言表达的方式方法和技巧，知识会增加语言的素材，增加一个人的气质涵养，而多读也是为多写做准备。（3）多说，并不是逮什么说什么，乱说一气，而是有准备、有计划、有条理地去说，或者是介绍，或者是演讲，要说得好、说得精彩，必须有充分的准备，而这一准备过程和实际说的过程，也就是在练习语言表达的过程。（4）多写，平日养成多动笔的习惯，把日常的观察、心得以各种形式记录下来，定期进行思维加工和整理，日积月累提高写作技巧，在平时的写作练习过程中，也可以同时养成整洁的好习惯，在申论考场上不会因格式、字谜、标点或卷面给阅卷老师留下不好的印象。

盈盈的纸衣

情感共鸣

女儿盈盈和所有的小女孩儿一样爱美，喜欢玩洋娃娃。她找来零布头做小衣服，找来针线缝小披风，慢慢地洋娃娃的衣服越来越多了，五颜六色，款式各异。盈盈非常得意，于是她就萌发了给自己做衣服的念头。有一天，我从商店买来了小布料，她心血来潮地拿起剪刀就剪，等我回过神儿，布已经开了一个大口子。当时我没有粗暴的训斥她，而是带她参观了一家服装生产公司，让她了解只做一件衣服，从量体打样、画线、裁剪、缝纫、钉扣、熨烫定型到封装打包的全过程。然后拿来了几张报纸按布的大小贴好，让她在上面试试，合适了再照样子裁剪布。于是她高高兴兴地用纸做衣服，剪好了就用胶水粘好试穿，太小了穿不进去，就剪大一些，又剪太大了，就再补上一块，还用了些彩纸，进行一番遮盖。折腾了好半天成型了，虽然歪歪扭扭、东拼西凑，但我还是由衷地表示祝贺。

我的鼓励使她信心百倍，激起了她创造的欲望，用挂历纸、彩纸、广告纸、皱纸等各式各样的纸做成了一件件、一套套不同款式的服装。平时她还留心观察路上、书上、电视上的服装，看到样子新颖的就画上个草图记下来，研究琢磨，并能发挥自己的想象力，不拘一格，手工剪纸、京剧脸谱、山水人物、折纸风筝都会出现在所做的服装里。同时，她还折叠了一些色彩鲜艳、别致新潮的帽子、提包和小巧玲珑的装饰物加以配套。

在这些过程中，她感到了一切丢弃之物只要你能用心去创新，就会变成很美的东西，慢慢的她就会自己去发现，从中获得快乐。这普通的纸，现在她不光用来做衣服，还用于其他各个方面。比如，他用不同种类的纸打底，用平时随手可取到的碎布、糖纸、毛线、花草、棉花、蛋壳等，制作了一张张精美的艺术卡。

每个孩子对周围的食物都会有好奇心，都想自己亲手去尝试，其表现虽说有点淘气和"出格"，但此时正是新思维、新意念迸发之际。父母应该是孩子智慧的伯乐，给予孩子一定的"自由度"，创设一个能使孩子充分表现自己能力和体验成功的欢乐环境，少一些压抑，多一些宽松；少一些呵斥，多一些欢呼。这样，就能使孩子的创新思维处于激活状态，从而使他们的创造潜能得到充分的挖掘。

认知理解

创新能力是民族进步的灵魂、经济竞争的核心；当今社会的竞争，与其说是人才的竞争，不如说是人的创造力的竞争。如果这个世界没有创新能力，便不会有今日人类的文明，可能还同猩猩它们一起还过着钻木取火的原始生活，如果爱因斯坦，爱迪生等人没有创新能力，他们何以取得巨大的成就与收获，如果一个人不具备创新能力，可以说是庸才；如果一个民族没有了创新人才，那么它便是一个落后的民族。

青少年培养创新能力的重要性：

1. 随着现代科学技术的发展，现在和未来文明的真正财富，将越来越表现为人的创造性。（1）知识激增，需要新一代学会学习；（2）科技革命，需要新一代革新创造；（3）振兴中华，需要新一代开拓前进。

2. 培养中学生的创新能力，是未来社会生产的特点所决定的。

3. 培养中学生的创新能力，对于我国具有更重大的意义，我国要到2050年左右赶上或超过世界发达国家，成为具有高度物质文明和精神文明的社会主义现代化强国，这个宏伟的计划需要这一事业的继承者，必须具有创新精神。

4. 智力潜能，需要教育者去系统地开发。

操作训练

1. 请列举电灯开关的五个缺点，并加以改进。

例如：不能随身移动。

2. A能够牵动B，如：火车头能够牵动列车。写出另外五种A和B。

3. 请提出对皮鞋的种种希望，并提出改进设想（至少五种）。

4. 请提出对学生书包的种种希望，并提出改进设想（五种以上）

5. 我们现在经常享受上网的快乐。可以通过网络传递信息、查找下载资料、玩游戏等等。可是盲人要和我们一样上网就会遇到很大困难。针对"盲人上网"这个课题，请你分析主要困难，并提出解决方案。

6. 在保留以下主体功能不变的情况下，加上其他附加物，以改善或扩大其功能，把结果填入表内。

主体附加物改进后的名称

示例：手表日历带日历的手表

皮靴

武器

桌子

音乐

黑板

灯

训 练 指 导

教育目的

1. 提高同学们的创新能力。

2. 提高同学们的动手、动脑的创新能力。

3. 让同学们理解创新能力的重要性。

主题分析

创新能力是运用知识和理论，在科学、艺术、技术和各种实践活动领域中不断提供具有经济价值、社会价值、生态价值的新思想、新理论、新方法和新发明的能力。创新能力是民族进步的灵魂、经济竞争的核心；当今社会的竞争，与其说是人才的竞争，不如说是人的创造力的竞争。

训练方法

答题法。

训练建议

青少年创新能力既是实现中华民族伟大复兴的战略抉择，又是青少年自身成长成才的内在需要，涉及价值取向、教育改革、物质保障、社会机制以及人文环境等方方面面，只有对症下药，多管齐下，综合治理，才能取得实质性的进展。有了创新性的想法，如果不去努力实施，再好的想法也会离你而去。想努力去做，却又因为短期内收不到成效而不持之以恒，你也会同成大事者失之交臂。爱迪生说："天才是1%的灵感加99%的汗水。"这是他的至理名言，也是他的经验之谈。坚持努力，持之以恒，才会如愿以偿。

左手右手

情感共鸣

王二是个艺术生，他报考了省城的一所大学。经过漫长的等待后，终于接到了复试通知。

复试这天，王二早早来到了学校，进入面试地点。经过一些简单的自我介绍后，评委老师开始对他自由提问。前几个问题都不太难。王二很有信心地回答了出来。评委老师对他说："同学你条件不错，现在在问你一个问题。回答出来的话就基本通过了。"王二一阵激动，忙整理了下自己的情绪，谦虚地说："谢谢老师夸奖，请老师问吧。""你知道作为一名艺术生，观察力是少不了的。我现在就考考你的观察力。你看见学校门口的毛主席雕塑了吗？请问你，主席是举的左手还是右手？"

王二傻了，学校门口的毛主席雕塑他知道有，但他压根儿没注意他举的哪只手。不过他也比较敏捷：在自己印象中主席可没有用左手的习惯，人一般都是举右手。于是他忙说："主席举的右手。"老师对他微微一笑："好了，同学你今天表现不错，回去听成绩吧。下一位！"

王二想自己肯定猜对了，于是十分兴奋。他一路小跑，想把消息尽快告诉在学校门口等待的老师。可是，当他看到校门的雕塑时，他傻了：主席双手背在背后，眼睛平视前方。根本没举手！

认知理解

观察力是指大脑对事物的观察能力，如通过观察发现新奇的事物等，在观察过程对声音、气味、温度等有一个新的认识。

相信看过《福尔摩斯探案全集》的朋友都知道这样一个场景：在福尔摩斯第一次与华生见面时，就立刻辨别出华生是一名去过阿富汗的军医。福尔摩斯为什么能够那么快地辨别出来面前的这个人就是一名军医呢？是观察。敏锐的观察力使得福尔摩斯能够迅速地辨别出一个人的职业、经历。从这个例子可以看出：福尔摩斯之所以能够很快地破那么多案子，敏锐的观察力是其中的决定因素之一。观察力的敏锐程度决定了从一个人身上得到的信息的多寡。也就是说，只有敏锐的观察力才能尽可能多地将一个初次见面的人的信息更好地把握住。

操作训练

1. 在你的房间里或教室找一样东西，比如表、电视、台灯、一把椅子或一张桌子，距离约一米，平视前方，自然眨眼，集中注意力注视这一件物体。默数60～90下，即1～1.5分钟，在默数的同时，要专心致志地仔细观察。闭上眼睛，努力在脑海中勾勒出该物体的形象，应尽可能地加以详细描述，最好用文字将其特征描述出来。然后重复细看一遍，如果有错，加以补充。然后逐渐转到更复杂的物体上，观察周围事物的特征，然后闭眼回想。重复几次，直到每个细节都看到。可以观察地平线、衣服的颜色、植物的形状、人们的姿势和动作、天空阴云的形状和颜色等。观察的要点是，不断改变目光的焦点，尽可能多地记住完整物体不同部分的特征，记得越多越好。在每一分析练习之后，闭上眼睛，用心灵的眼睛全面地观察，然后睁开眼睛，对照实物，校正你心灵的印象，然后再闭再睁，直到完全相同为止。还可以在某一环境中关注一种形状或颜色，试着在周围其他地方找到它。

2.

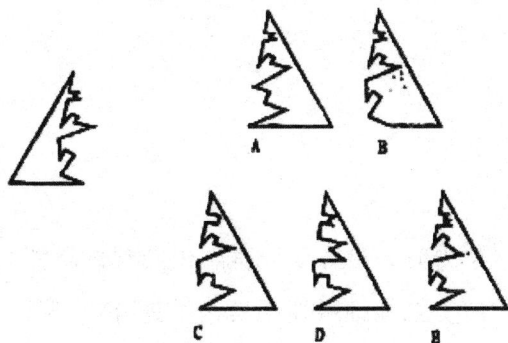

上图A、B、C、D、E中，哪一幅可以和左图拼出一个完整的三角形来？

3. 机车是我们生活中的重要交通工具，它的两个轮子一转能载着你到处跑。请问，当车子前进时是前轮先转动还是后轮先转动，或是前后轮一齐转动呢？

训练指导

教育目的

1. 提高同学们对事物的观察能力。

2. 让同学们了解观察能力的重要性。

3. 让同学们通过观察身边人、事、物等，掌握更多的知识。

主题分析

要锻炼观察力，应从身边的事物、所处的环境、人的特点着手。比如：你家里的椅子的位置有轻微变化，你的一个新朋友的眼皮是单的还是双的，今天路上的车辆比以往少了一点，餐厅见的某个陌生人是个左撇子，你周围的人的表情、穿着等等。观察是一种用心的行为，而不是随随便便地"看"。观察一个楼梯，你可以算它的级数、高低，光是看的话，你可能只是记得：它只是一个楼梯。

训练方法

讲述法；游戏法。

训练建议

在初练观察力时，最好养成有意识的观察。针对一个平凡无常的事物，你应有意地细微地观察它所具有的特征，注意常人难以发现的地方。再有，通过对比也是训练观察力的好方法。如：今天和昨天的窗户上的灰尘有什么变化。观察，不仅要观察其内在本质，也要着重于发现事物的变化。总之，持有一颗观察的心并付诸实践，长此以往，便可以训练出潜意识的观察能力，即：对于什么事物，都会习惯性地去观察。这是一种好习惯。

宋濂冒雪访师

情感共鸣

　　明朝著名散文家、学者宋濂自幼好学,不仅学识渊博,而且写得一手好文章,被明太祖朱元璋赞誉为"开国文臣之首"。宋濂很爱读书,遇到不明白的地方总要刨根问底。这次,宋濂为了搞清楚一个问题,冒雪行走数十里,去请教已经不收学生的梦吉老师,但老师并不在家。宋濂并不气馁,而是在几天后再次拜访老师,但老师并没有接见他。因为天冷,宋濂和同伴都被冻得够呛,宋濂的脚趾都被冻伤了。当宋濂第三次独自拜访的时候,掉入了雪坑中,幸被人救起。当宋濂几乎晕倒在老师家门口的时候,老师被他的诚心所感动,耐心解答了宋濂的问题。后来,宋濂为了求得更多的学问,不畏艰辛困苦,拜访了很多老师,最终成为了闻名遐迩的散文家!

认知理解

毅力就是坚持，就是努力。毅力也叫意志力，是人们为达到预定的目标而自觉克服困难、努力实现的一种意志品质；毅力，是人的一种"心理忍耐力"，是一个人完成学习、工作、事业的"持久力"。当它与人的期望、目标结合起来后，它会发挥巨大的作用；在所有的成功者中，有没有毅力，坚强不坚强，起着决定性的作用；而对失败者来说，缺乏毅力几乎是他们共同的毛病。所以毅力这个东西，极其重要，也很可贵。毅力会帮助你克服恐惧、沮丧和冷漠；会不断地增加你应付、解决各种困难问题的能力；会将偶然来的机遇转变为现实；会帮助你实现他人实现不了的理想。

操作训练

1. 有关"毅力"的格言有哪些？请同学们列举出来。

例如：没有伟大的意志力，就不可能有雄才大略。（巴尔扎克）；

人要有毅力，否则将一事无成。（居里夫人）；

耐心和恒心总会得到报酬的。（爱因斯坦）。

2. 请每位学生根据自己的实际情况，制订切实可行的学习目标（包括对自己学习行为和习惯方面的要求）。然后在全班进行交流，并要求学生把目标贴在桌角上，以互相督促和时刻提醒自己。

例如：学生甲：志、识、恒

学生乙：上课认真听讲，完成作业，争取一次比一次进步。

学生丙：从小事做起，期中考试进入班级前三名。

教育目的

1. 让同学们意识到意志力在生活中的重要程度。

2. 做任何事都持之以恒，不惧艰难困苦。

主题分析

著名作家冰心在《繁星》一诗中写道：成功的花，人们只惊慕它现时的明艳！然而当初它的芽儿，浸透了奋斗的泪痕，洒遍了牺牲的血雨。毅力是实现理想的桥梁，是驶往成才的渡船，是攀上成功的阶梯。通往成功的道路往往充满荆棘，坎坷不平的，会有许多障碍险阻。这就需要我们培养顽强的毅力。期望同学们在接下来的学习生活中以坚强的毅力，用行动实践自己的目标。

训练方法

列举法；实际操作法。

训练建议

一是强化正确的动机。人们的行动都是受动机支配的，而动机的萌发则起源于需要的满足。

二是从小事做起，可以锻炼人的毅力。

三是培养兴趣能够激发毅力。有人说兴趣是毅力的门槛，这话是有道理的。

四是由易入难，既可增强信心，又能锻炼毅力。有些人很想把某件事情善始善终的干完，但往往因为事情的难度太大而难以继续。

在平常的生活中，要养成良好的习惯；一旦良好的习惯成为潜意识中的东西，那么，一切将出乎于心，出乎于自然，不会因为对目标的坚持不懈，而需要特别坚强的意志，忍受内心的煎熬。毅力是习惯的结果。总之，毅力是许多心理因素共同作用的结果，这些因素包括愿望、信心、明确的目标、有组织计划、行动、习惯、人生观等，任何一个环节做不好，都会影响毅力。毅力的强弱很大程度上决定了能否成功。毅力就是成功的根本。

爱迪生的时间

情感共鸣

爱迪生一生只上过三个月的小学，他的学问是靠母亲的教导和自修得来的。他的成功，应该归功于母亲自小对他的谅解与耐心的教导，才使原来被人认为是低能儿的爱迪生，长大后成为举世闻名的"发明大王"。

"浪费，最大的浪费莫过于浪费时间了。"爱迪生常对助手说。"人生太短暂了，要多想办法，用极少的时间办更多的事情。"

一天，爱迪生在实验室里工作，他递给助手一个没上灯口的空玻璃灯泡，说："你量量灯泡的容量。"他又低头工作了。

过了好半天，他问："容量多少?"他没听见回答，转头看见助手拿着软尺在测量灯泡的周长、斜度，并拿了测得的数字伏在桌上计算。他说："时间，时间，怎么费那么多的时间呢?"爱迪生走过来，拿起那个空灯泡，向里面斟满了水，交给助手，说："里面的水倒在量杯里，马上告诉我它的容量。"

助手立刻读出了数字。

爱迪生说："这是多么容易的测量方法啊，它又准确，又节省时间，你怎么想不到呢？还去算，那岂不是白白地浪费时间吗？"

助手的脸红了。

爱迪生喃喃地说："人生太短暂了，太短暂了，要节省时间，多做事情啊！"

认知理解

时间是宝贵的，时间一去不复返，要珍惜时间，讲究效率，做时间的主人，勤奋学习，立志成才；热爱学习，热爱生活。我们每时每刻要珍惜时间，不要浪费时间，时间就是金钱，时间就是财富，时间就是希望，时间一旦过去是无可挽回的，好比我们长大了，不可能再回到童年时代。时间对于大家是很公平的，不会你富有就多给你一些，不会你贫穷就少给你一些，时间是无价之宝啊，再多的金钱也买不来的，所以我们必须珍惜它。

操作训练

1. 每位学生课前搜集珍惜时间的句子。

2. 连线题。

愚蠢者	糟蹋时间
懒惰者	放弃时间
无为者	蔑视时间
闲聊者	丧失时间
求知者	积累时间
糊涂者	利用时间

好学者	创造时间
聪明者	等待时间
勤奋者	赢得时间
有志者	消磨时间
劳动者	抓紧时间
自满者	珍惜时间

训练指导

教育目的

1. 让同学们了解时间的重要性。

2. 通过讲解和做题的方法，让同学们理解时间的宝贵，不再浪费宝贵的时间。

主题分析

人的生命只有一次，走完了不可能再重来，我们不能白白把宝贵的时间浪费掉，许多人到了生命将尽才知道后悔莫及，可那时为时已晚，所以我们一定珍惜现在，珍惜时间。

会利用时间的人每天心情开朗，有愉快的微笑，不会利用时间的人每天烦恼不断，每天愁眉苦脸，郁郁寡欢。

历史就是一面镜子，古往今来有过多少成名的人物，他们之所以有名，因为他们会利用时间，珍惜时间，不会浪费一分一妙的时间。

回想过去，放眼未来，我们是多么的渺小，我们想要成功的话，就要不断地付出，珍惜时间才能实现。

训练方法

答题法；讲解法。

训练建议

学会怎样才能珍惜时间

1. 要合理安排时间，规划一天所做的事情，生活有规律。

2. 每天做些有意义的事情，做一些使自己开心快乐的事情。

3. 多学些有利于健康的知识，因为一个健康的身体才能充分利用时间。

4. 一定要多运动，因为生命在于运动。

5. 遇到烦恼之事要想办法尽早解决，不要长期压抑着，要发泄出来。

6. 要学会助人为乐，乐意帮助别人，因为做好事能使自己快乐。

7. 看书学习，因为多学习我们才能进步。

8. 不要老怀念过去，要面对未来，因为过去的一切已经过去，无可挽回了，再遗憾又有何用，未来的前景才是至关重要的。

宽容的老妇人

情感共鸣

一个女孩迷上了小提琴，每晚在家拉个不停。家里人不堪这种"锯床腿"的干扰，每每向小姑娘求饶。女孩一气之下跑到一处幽静的树林，独自奏完一曲。突然听到一位老妇的赞许鼓励声。老人继而说："我的耳朵聋了，什么也听不见，只是感觉你拉得不错！"于是，女孩每天清晨来这里为老人拉琴。每奏完一曲，老人都连声赞许："谢谢，拉得真不错！"终于有一天，女孩的家人发现，女孩拉琴早已不是"锯床腿"了，惊奇地问她有什么名师指点。这时，女孩才知道，树林中那位老妇人是著名的器乐教授，而她的耳朵从未聋过。

认知理解

宽容是最美丽的一种情感，宽容是一种良好的心态，宽容也是一种崇高的境界，能够宽容别人的人，其心胸像天空一样透明，像大海一样宽广深沉，宽容自己的家人、朋友、熟人容易，因为，他们是我们爱的人。然而，宽容曾经深深伤害过自己的人或者自己的敌人则是最难的。

宽容是人性中最美丽的花朵，宽容是心理养生的调节阀。人在社会的交往中，吃亏、被误解、受委屈的事总是不可避免地发生，面对这些，最明智的选择就是学会宽容。宽容是一种良好的品质；宽容是一种非凡的气度、宽广的胸怀；宽容是一种高贵的品质、崇高的境界；宽容是一种仁爱的光芒、无上的福分；宽容是一种生存的智慧、生活的艺术。它不仅包含着理解和原谅，更显示着气质和胸襟、坚强和力量。一个不会宽容、只知苛求别人的人，其心理往往处于紧张状态，从而导致神经兴奋、血管收缩、血压升高，使心理、生理进入恶性循环。

操作训练

1.单项选择题：

（1）要理解他人，就应该　　　　　　　　　　　　（　　）

①尊重他人②友善待人③原谅他人所有的过错④坦诚地与人交流和沟通

A．②③④　B．①②③　C．①③④　D．①②④

（2）达到理解需要积极的沟通，这主要包括　　　　（　　）

①主动的接近②真心的赞美③坦诚的交流④细心的领会

A．①②③　B．①③④　C．②③④　D．①②③④

（3）假如老师因误会而批评你，你感到委屈，你应该（　　）

A．当面不说，背后与老师作对

B．认为老师和自己过不去对自己有看法

C．找机会和老师谈谈，澄清事实

D．说老师坏话，上课捣乱

（4）当我们与父母发生冲突时，正确的做法是 　　　（　　　）

A．不理睬父母，冷淡相对

B．以强硬态度顶撞

C．离家出走

D．尊重理解父母的苦心，主动和父母沟通

2.请同学们类举出一些关于"宽容"的名言名句。

训 练 指 导

教育目的

1.认识理解在建立和谐人际关系中的重要性，学习如何做到理解他人。

2.克服"以自我为中心"的心态和行为方式。

3.让同学们了解宽容在人生的旅途上的重要性。

主题分析

宽容是人类生活中至高无上的美德。因为宽容包含着人的心灵，因为宽容可以超越一切，因为宽容需要一颗博大的心。因为宽容是人类情感中最重要的一部分，这种情感能融化心头的冰霜。

生活需要宽容。在生活中每个人都会有不如意，每个人都会有失败，当你的面前遇到了竭尽全力仍难以逾越的屏障时，请别忘了：宽容是一片宽广而浩瀚的海，包容了一切，也能化解了一切，会带着你你跟随着他一起浩浩荡荡向前奔涌。宽容是一种无声的教育。唯有宽容的人，其信仰才更真实。最难得的是那种不求回报的给予，因为它以爱和宽容为基础：要取得别人的宽恕，你首先要宽恕别人。尽管我们不求回报，但是美好的品质总会显露它的价值，让人感动。责人不如帮人，倘若对别人的错处一味挑剔，苛责，只能令人更加反感，而且可能激起逆反心理一错再错。

训练方法

答题法；讲解法。

训练建议

尽量宽恕别人，得饶人处且饶人。人们应该彼此容忍：每一个人都有弱点，我们允许每一个人保持其个性。宽容使软弱的人觉得这个世界温柔，使坚强的人觉得这个世界更高尚。不妨让你的人生多些宽容的智慧，让心灵慢慢趋向平静，从容轻松愉快地面对人生，生活会变得更温馨和美好。